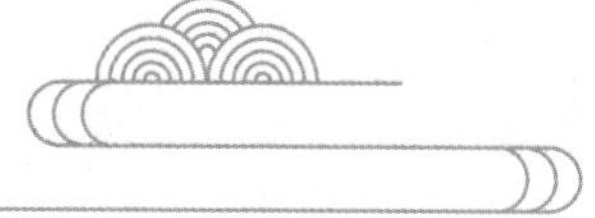

Python程序设计

（新形态版）

黄凌霄 刘倩 牛万红 姚新波 刘昊◎编著

清華大学出版社
北京

内 容 简 介

本书采用由浅入深、循序渐进、学练结合的方式，系统地介绍了 Python 语言的核心知识，并将相关内容渗透到具体章节中，致力于使学生在学习 Python 知识的过程中，能快速领悟知识点。

全书共 9 章，从 Python 概述开始，逐步介绍 Python 的数据类型、常用内置函数、数据的输入与输出、程序控制结构、字符串、正则表达式、组合数据类型、函数、文件及深度学习应用实例等。

本书内容翔实，案例新颖，结构清晰，重点明确，适合作为高等学校计算机程序设计课程教材，也可以作为 Python 语言爱好者自学及计算机科学与技术相关专业人员的参考书。

图书在版编目（CIP）数据

Python程序设计 : 新形态版 / 黄凌霄等编著. -- 北京 : 清华大学出版社, 2025. 4. -- (计算机科学与技术丛书). -- ISBN 978-7-302-68670-5

Ⅰ. TP312.8

中国国家版本馆 CIP 数据核字第 2025PC9937 号

策划编辑：刘　星
责任编辑：李　锦
封面设计：李召霞
责任校对：王勤勤
责任印制：刘海龙

出版发行：清华大学出版社
网　　址：https://www.tup.com.cn，https://www.wqxuetang.com
地　　址：北京清华大学学研大厦A座　　**邮　　编：**100084
社 总 机：010-83470000　　**邮　　购：**010-62786544
投稿与读者服务：010-62776969，c-service@tup.tsinghua.edu.cn
质量反馈：010-62772015，zhiliang@tup.tsinghua.edu.cn
课件下载：https://www.tup.com.cn，010-83470236
印 装 者：三河市铭诚印务有限公司
经　　销：全国新华书店
开　　本：185mm × 260mm　　**印　　张：**12.5　　**字　　数：**304千字
版　　次：2025年5月第1版　　**印　　次：**2025年5月第1次印刷
印　　数：1～1500
定　　价：49.00元

产品编号：105271-01

前言

PREFACE

在信息技术迅猛发展的今天，Python 语言凭借其简洁的语法结构、强大的功能及广泛的应用场景，成为众多编程专业人士的优选语言。特别是在人工智能领域的广泛应用，更是让 Python 成为学习和研究的热点。基于这样的背景，我们精心编写了《Python 程序设计（新形态版）》，旨在为广大学习者提供一本全面系统、易于理解且富有实践指导意义的 Python 程序设计学习教材。

本书将 Python 基础知识、进阶技巧与应用案例相结合，既注重基础理论的深入讲解，又强调实践技能的训练培养，确保读者能够学以致用。同时，本书中每章内容均设有相关案例，引导读者在学习 Python 程序设计的同时培养深厚的家国情怀，增强民族自豪感和社会责任感。

本书共 9 章。第 1 章是 Python 概述，对 Python 语言进行了全面概述，包括特点、安装指南、运行机制以及如何利用 IDLE 工具进行程序调试；第 2 章是数据类型和常用内置函数，深入探讨了 Python 的数据类型和内置函数，阐释了标识符与关键字、变量的声明与使用、数据类型、运算符及内置函数的相关知识；第 3 章是数据的输入与输出，介绍了如何使用 input() 和 print() 等输入输出函数实现数据交互；第 4 章是程序控制结构，详细解读了顺序结构、选择结构和循环结构的概念和运用；第 5 章是字符串和正则表达式，深入探讨了字符串处理和正则表达式的使用方法；第6章是组合数据类型，详细讲解了列表、元组、字典和集合等数据类型的操作；第 7 章是函数，围绕函数的概念展开，详细讲解了函数的定义与调用、函数参数传递、递归函数、变量作用域以及模块和包的创建与导入；第 8 章是文件，系统介绍了文件的概念、文件写读操作、CSV 文件写读操作以及目录与文件操作的方法；第 9 章是深度学习应用实例，介绍了深度学习、卷积神经网络和 VGG19 网络，并通过数据加载、数据处理、网络结构、模型训练和网络推断等步骤实现了猫和狗的识别。

本书由长期从事计算机基础教学、科研工作的骨干教师黄凌霄（第 5 章和第 6 章）、刘倩（第 1 章和第 2 章）、牛万红（第 7 章和第 8 章）、姚新波（第 3 章和第 4 章）、刘昊（第 9 章）共同编写。在编写本书过程中，得到了宁夏大学汤全武老师、宁夏大学信息工程学院领导和相关教师的大力支持，及清华大学出版社的鼎力帮助，在此表示诚挚的谢意。此外，本书编写过程中参考了大量的文献资料和网站资料，在此也表示衷心的感谢。

配 套 资 源

- **程序代码等资源**：扫描目录上方的“配套资源”二维码下载。
- **教学课件、教学大纲、实验教程、电子教案、习题答案等资源**：在清华大学出版社官方网站本书页面下载，或者扫描封底的“书圈”二维码在公众号下载。
- **微课视频（324 分钟，47 集）**：扫描书中相应章节中的二维码在线学习。

注：请先扫描封底刮刮卡中的文泉云盘防盗码进行绑定后再获取配套资源。

本书是宁夏高校专业类课程思政教材研究基地的研究成果之一，并获得宁夏大学教材出版基金的资助。

由于时间仓促和作者水平有限，书中难免存在不妥之处，竭诚欢迎读者提出宝贵意见。

作 者

2025 年 2 月

微课视频清单

序号	视 频 名 称	时长 /min	书 中 位 置
1	Python 安装	7	1.2 节节首
2	使用 IDLE 进行程序调试	5	1.6 节节首
3	变量	14	2.2 节节首
4	例 2.2	6	例 2.2
5	输入函数 input	7	3.1 节节首
6	input 函数的扩展格式	4	3.1.2 节节首
7	print 函数的基本格式	5	3.2.1 节节首
8	表 3-1	3	表 3-1 处
9	输出字符串	5	3.2.3 节 1）处
10	指定最小字符宽度	5	3.2.3 节 5）处
11	左右对齐	5	3.2.3 节 6）处
12	print 函数的 f-string 格式化方法	4	3.2.5 节节首
13	例 3.2	5	例 3.2 处
14	例 3.5	3	例 3.5 处
15	顺序结构	2	4.1 节节首
16	单分支结构	6	4.2.1 节节首
17	双分支结构	5	4.2.2 节节首
18	例 4.3	8	例 4.3 处
19	多分支结构	6	4.2.3 节节首
20	循环语句	8	4.3 节节首
21	例 4.9	5	例 4.9 处
22	循环的嵌套	7	4.3.3 节节首
23	循环控制语句	5	4.3.4 节节首
24	例 4.20	3	例 4.20 处
25	例 4.22	6	例 4.22 处
26	例 4.23	4	例 4.23 处
27	例 4.24	10	例 4.24 处
28	字符串	10	5.1 节节首
29	转义字符的使用	7	5.1.3 节节首
30	字符串常用方法	10	5.1.5 节节首
31	正则表达式模块	8	5.2.3 节节首
32	列表元素的排序和反序	7	6.1.8 节节首
33	元组	7	6.2 节节首
34	字典	7	6.3 节节首
35	集合元素的增加和删除	9	6.4.2 节节首
36	匿名函数定义与调用	7	7.1.4 节节首
37	函数嵌套定义与调用	3	7.1.5 节节首
38	参数传递	7	7.2.2 节节首
39	不定长参数传递	6	7.2.3 节出处
40	递归函数	7	7.3 节节首
41	变量的作用域	12	7.4 节节首
42	模块和包	8	7.5 节节首
43	文件的打开与关闭	7	8.2.1 节节首
44	文件写入与读取	9	8.2.2 节节首
45	CSV 文件写读操作	8	8.3 节节首
46	目录与文件操作	10	8.4 节节首
47	背景介绍	22	9.2 节节首

目录

CONTENTS

配套资源

第 1 章 Python 概述

CHAPTER 1

程序设计语言是一种用来编写计算机程序的标准化交流工具。通过遵循特定的语法规则和结构，开发人员能够使用这些语言来精确定义任务，并通过编译器或解释器将这些定义转换为计算机可以执行的指令，以实现功能或解决问题。近几年，人工智能技术蓬勃发展，对医疗、教育、交通、金融等领域都产生了深远影响。Python 语言凭借其简单的语法规则、高效的开发能力、跨平台兼容性及强大的社区支持，成为人工智能领域的优选语言。例如，百度的飞桨平台就是一个基于 Python 的开源深度学习框架，它提供了一系列深度学习工具和库函数，旨在帮助开发者更轻松地构建和训练深度学习模型。因此，掌握 Python 为学习者学习程序设计打开了一扇门，通过持续地学习和实际操作该语言，学习者可以提高解决实际问题的能力。在这个过程中，学习者不仅能够提升自身的创新思维，还能增强综合技术水平，为在程序设计领域的探索和创新奠定坚实的基础。

学习目标

（1）了解 Python 语言的基本特征。

（2）掌握 Python 安装和运行的相关方法。

（3）掌握以文件方式运行 Python 程序。

（4）掌握安装、升级和管理第三方软件包。

（5）掌握使用 IDLE Shell 开发环境中的程序调试器。

（6）培养学生发现问题、解决问题的能力，激励学生将程序设计方法融入实际工作和学习中。

学习重点

（1）Python 的安装和运行。

（2）IDLE Shell 开发环境的使用。

学习难点

熟练掌握 Python 的安装和使用，学会使用 IDLE Shell 开发环境调试程序，引导学生使用 Python 程序解决实际问题。

1.1 Python 简介

Python 是一种高级编程语言，由吉多 · 范罗苏姆（Guido van Rossum）于 1989 年在荷兰设计并开发，其设计初衷在于提供一种易于学习和使用的编程语言，以提升代码编写的

效率。

Python 的设计目标是简洁、优雅、明确，它避免了繁复的标点符号和特殊字符，简化了代码结构，保证了代码易读性。这种设计使得 Python 成为初学者的理想选择，并使其成为当今较受欢迎的编程语言之一。与其他编程语言相比，Python 具有如下特点。

1. 易学性

Python 的语法清晰，接近自然语言，阅读和编写 Python 程序更加直观。它降低了面向对象编程的复杂性，如消除了保护类型、纯虚函数、抽象方法、接口等面向对象的元素或方法。同时，Python 保留了面向对象编程的核心概念，如封装、继承和多态。上述工作降低了面向对象在 Python 语言中的使用难度，使得程序结构更加清晰。

Python 通过缩进来定义代码块，关键字只有 33 个，代码简洁、直观。在完成相同任务的情况下，Python 的代码量约是 Java 代码量的 1/5，约是 C++ 代码量的 1/20。鉴于 Python 的这一特点，即使是没有编程经验的初学者也能快速上手编写代码，对于经验丰富的开发者则可以专注于解决问题本身。

2. 丰富的函数库

Python 的标准函数库为程序员提供了大量的功能模块，涵盖文件操作、网络编程、图形用户界面（Graphical User Interface，GUI）开发等方面。

此外，Python 官方社区、PyPI（Python Package Index）和 GitHub 上提供了数以万计的第三方函数库，这些库由全球开发者社区贡献且免费开源。功能完备的函数库可以协助开发人员高效处理数值计算、数据分析、可视化等任务，极大降低了开发人员从头编写代码的工作量，并提高了代码的复用性、可靠性和安全性。例如，NumPy 库支持多维数组操作，Pandas 库用于数据分析，Matplotlib 库可用于数据可视化，requests 库用于处理客户端网页请求。值得一提的是，Python 在人工智能和机器学习领域发挥着重要作用。例如，开发人员可以通过 TensorFlow 和 PyTorch 库轻松构建并训练深度神经网络，完成图像识别、语音识别、自然语言处理等复杂任务。

3. 可扩展性

Python 能够与 C、C++ 等语言编写的高性能模块和库无缝集成，从而扩展其功能。Python 还可以作为一个子系统或者一个脚本语言嵌入其他的应用程序中。正因为 Python 的可扩展性能够适应各种不同的需求和场景，它被人们形象地称为胶水语言。

4. 跨平台的解释器

计算机领域跨平台概念泛指程序设计语言、软件或硬件设备可以在多个操作系统或不同硬件环境中开发或使用。Python 解释器可以在多个操作系统上运行，包括 Windows、macOS 和 Linux 等常见操作系统，确保了应用程序的跨平台兼容性。这使得使用 Python 开发的软件和网站，如 Dropbox、Blender、Instagram、YouTube，能够在不同平台上提供一致的用户体验。

尽管 Python 以其解释型语言的特性在执行速度上可能不如编译型语言，但它的性能优化工具和库，如 PyPy 和 Cython，能够在很大程度上提升运行效率。然而，对性能有极高要求的应用场景，Python 可能不是最佳选择。此外，Python 在高级编程概念和底层控制方面的能力相对有限，特别是在直接访问内存和操作系统接口方面。

Python 的以上特点使其成为从脚本编写到复杂算法设计的优选语言。无论是编程新手还是有经验的开发人员，Python 都能提供一个充满可能性的平台。祝愿你在学习 Python 编程的过程中取得成功。

1.2　Python 安装

视频讲解

Python 是一种跨平台的编程语言，能够在多个操作系统下运行，包括 Windows、macOS 和 Linux。Python 官方网站提供了多种版本的安装包。其中，面向 Windows 操作系统的版本分为稳定发布版（Stable Releases）和预发布版（Pre-releases）。按照版本的功能，可划分为可嵌入包（Embeddable Package）和安装程序（Installer）。按照操作系统的位宽，Python 划分为 32 位、64 位。通常情况下，Python 程序开发人员根据系统位宽选择下载较新的稳定发布版本。下面以 Windows11 系统为例详细介绍 Python 环境搭建过程。

1. 查看操作系统位宽

首先查看操作系统位宽，如图 1-1 所示。单击任务栏左下角的 Windows 图标或按键盘上的 Windows 键打开“开始”菜单，单击“设置”图标（齿轮状图标）。在设置窗口中选择“系统”选项，向下滚动至“系统信息”部分并选择该选项。查看“系统类型”信息。在确认当前系统是 64 位后，应下载相应位宽的 Python 安装包。

(a) 单击“设置”图标

(b) 查看系统位宽

图 1-1　查看操作系统位宽

2. 下载 Python 安装包

访问 Python 官方网站，如图 1-2 所示。在首页上选择 Downloads 标签，在下拉菜单中选择 Windows 标签。

Windows 环境对应的 Python 安装包列表如图 1-3 所示，在页面中单击下载与操作系统位宽匹配的适用版本。安装包中包含以下主要组件。

- Python 解释器：该部分是运行 Python 代码的核心组件，用于解释和执行 Python 程序。
- 标准库：Python 标准库是一组预先编写好的模块，能够提供广泛的功能，包括文件操作、网络通信、字符串处理、数学运算等。标准库是 Python 的一部分，因此在安装 Python 时会一同安装。

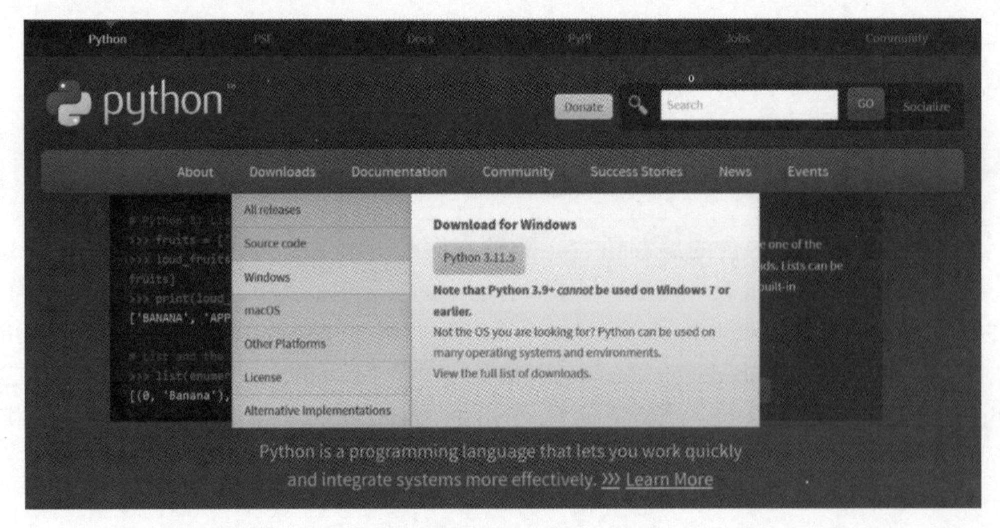

图 1-2 访问 Python 官方网站

- pip：该工具用于安装和管理软件包。安装 Python 时，通常会默认安装 pip。
- 开发工具：Python 安装程序通常还会包含一些开发工具，如 IDLE（Python 的官方集成开发环境）、编辑器和调试器。这些工具可以帮助开发人员编写、调试和运行 Python 代码。
- 示例和文档：Python 安装程序通常会附带一些示例代码和官方文档，以帮助新手入门并了解 Python 的使用和语法。

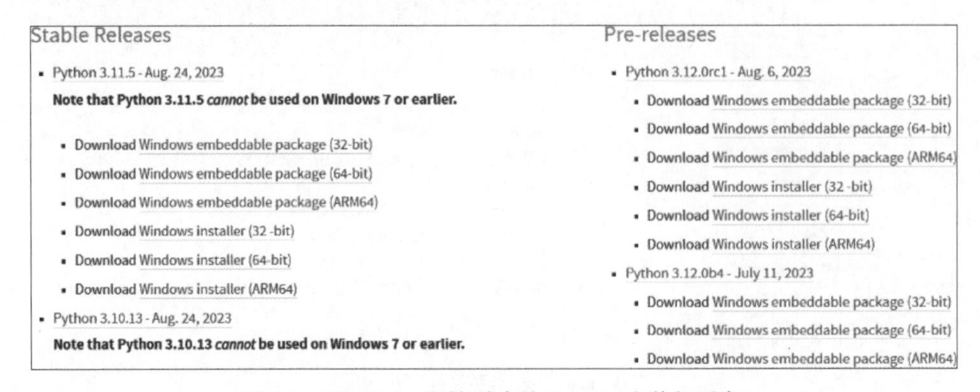

图 1-3 Windows 环境对应的 Python 安装包列表

3. 安装 Python

右击下载的 Python 安装包，在弹出的快捷菜单中选择“以管理员身份运行”。Python 安装向导页面如图 1-4 所示。在安装初期，建议勾选 Add python.exe to PATH（将 Python 添加到系统路径）复选框，这将允许用户在命令提示符中直接运行 Python。接着，选择 Customize installation（自定义安装）进入可选功能向导页面。可选功能向导页面如图 1-5 所示，勾选全部复选框以确保选中所有标准库和工具，然后单击 Next 按钮进入安装向导的下一步。

在 Advanced Options（高级选项）向导页面中自定义安装路径。高级选项向导页面如图 1-6 所示，建议选择一个易于记忆且不易变动的路径，如 D:\Python311。在当前页面勾选前 5 项复选项，以保证 Python 能够在本机上正常运行。然后单击 Install 按钮开始安装，Python 安装过程界面如图 1-7 所示。

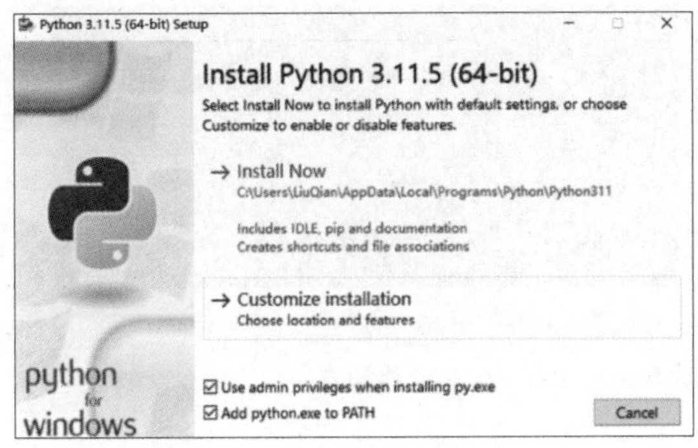

图 1-4　Python 安装向导页面

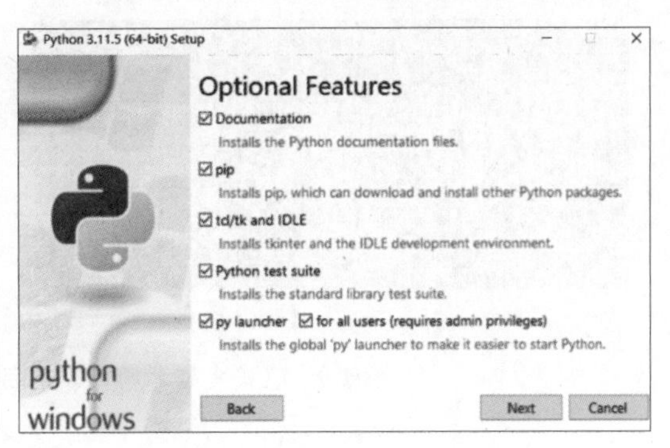

图 1-5　可选功能向导页面

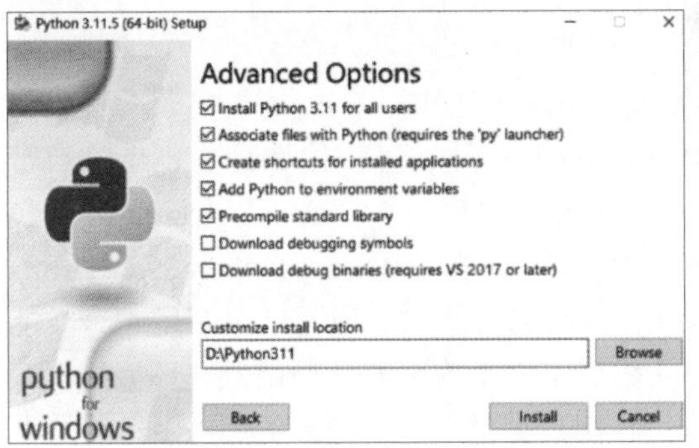

图 1-6　高级选项向导页面

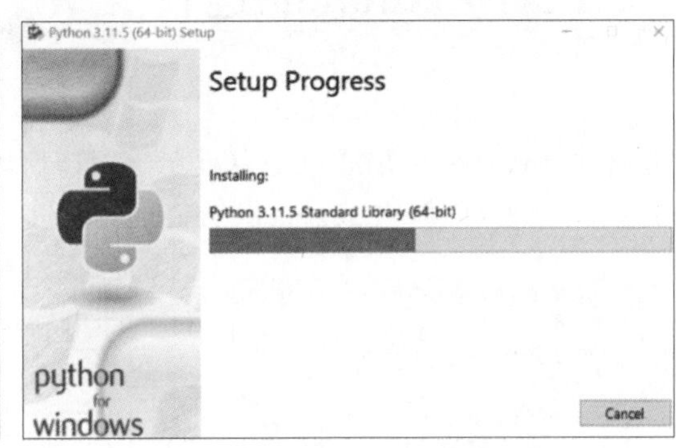

图 1-7　Python 安装过程界面

4. 完成安装

Python 安装成功提示页面如图 1-8 所示。当 Python 安装包完成安装后，安装向导进入 Setup was successful 页面。如果当前页面包含Disable path length limit（取消路径长度限制）字样，单击该行文字，以避免后续因最大路径长度限制报错。单击 Close 按钮安装向导，完成 Python 的安装。

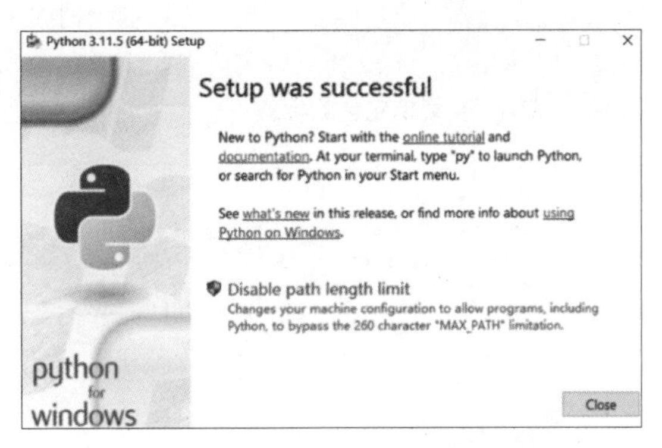

图 1-8　Python 安装成功提示页面

5. 验证安装

Python安装完成后，需要检测Python是否正确安装。在Windows环境下，可单击“开始”菜单，在“Windows 工具”子菜单中单击“命令提示符”，打开命令提示符窗口；或者单击任务栏的“搜索”按钮（放大镜状图标）输入 cmd 命令并按 Enter 键，也可以打开命令提示符窗口。在该窗口键入 python 并按 Enter 键，若出现 Python 的版本信息和提示符“>>>”，则表示安装成功。

在命令提示符窗口下启动和退出 Python 解释器的方法如图 1-9 所示。退出 Python 解释器可以输入 exit() 或按 Ctrl+Z 然后按 Enter 键，上述两种方法都可以在命令提示符窗口下退出 Python 解释器，返回命令提示符状态。

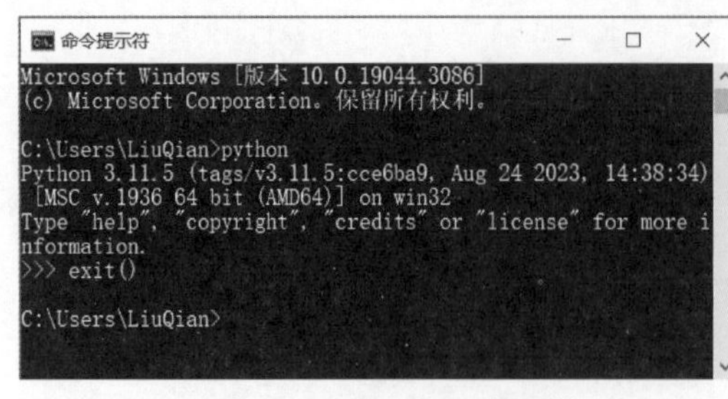

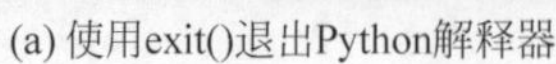
(a) 使用exit()退出Python解释器

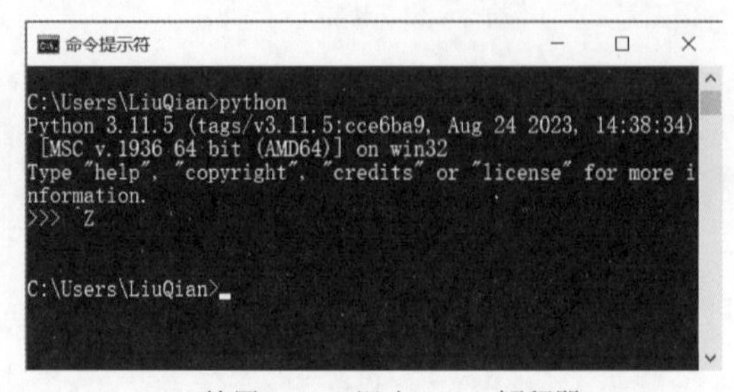

(b) 使用Ctrl + Z退出Python解释器

图 1-9　在命令提示符窗口下启动和退出 Python 解释器的方法

1.3　Python 的运行

在成功安装 Python 之后，用户便可以开始编写 Python 程序。Python 提供了两种主要的启动方式：一种是通过命令提示符窗口启动 Python 解释器；另一种是通过 Python 自带的集成开发环境（Integrated Development Environment，IDE）——IDLE。Python 菜单包含的标签如图 1-10 所示，单击 IDLE（Python 3.11 64-bit）标签即可启动 Python 的集成开发环境。IDLE 是一个功能齐全的 IDE，它集成了文本编辑器、调试器和环境配置等基本开发工具，为用户提供了一个便捷的编写、运行和调试 Python 代码的平台。

图 1-10　Python 菜单包含的标签

使用 IDLE 编写 Python 命令如图 1-11 所示，该方法可通过 IDLE 标签启动 Python 的 IDLE Shell 开发环境。该环境下可直接键入 Python 命令，每一行命令通过 Enter 键执行。

```
IDLE Shell 3.11.5
File Edit Shell Debug Options Window Help
Python 3.11.5 (tags/v3.11.5:cce6ba9, Aug 24 2023, 14:38:34) [MSC v.1936 64 bit (AMD64)]
on win32
Type "help", "copyright", "credits" or "license()" for more information.
>>> print('Hello World!',"你好，世界!")
Hello World! 你好，世界!
>>>
Ln: 5 Col: 0
```

图 1-11　使用 IDLE 编写 Python 命令

【例 1.1】在 IDLE 交互式环境下，输出“Hello World!”和“你好，世界！”两个字符串。

示例代码如下所示。

```
>>> print('Hello World!',"你好，世界！")      # 输入命令，按 Enter 键执行
Hello World! 你好，世界!
```

1.4　文件方式运行 Python 程序

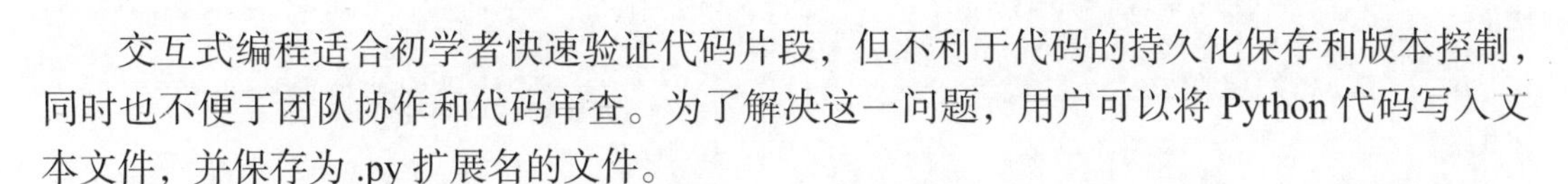

交互式编程适合初学者快速验证代码片段，但不利于代码的持久化保存和版本控制，同时也不便于团队协作和代码审查。为了解决这一问题，用户可以将 Python 代码写入文本文件，并保存为 .py 扩展名的文件。

编写 Python 代码时，用户可以使用 Windows 自带的记事本工具或其他文本编辑器编写。

【例 1.2】新建一个文本文档，编写计算半径为 2 的圆面积脚本，其中 π = 3.14，并将其保存为 .py 文件，然后在命令提示符窗口运行该文件。

打开记事本工具，输入如下程序代码。

```
# 文件方式运行 Python 程序
r=2                  # 圆的半径
pi=3.14
s=r*r*pi             # 计算圆面积
print(" 半径 =%d 的圆的面积是 %f。"%(r,s))
```

保存该文档。使用记事本保存 Python 代码如图 1-12 所示，选择合适的保存位置，设置文件名。其中，扩展名需要改为 py，编码选择 UTF-8。

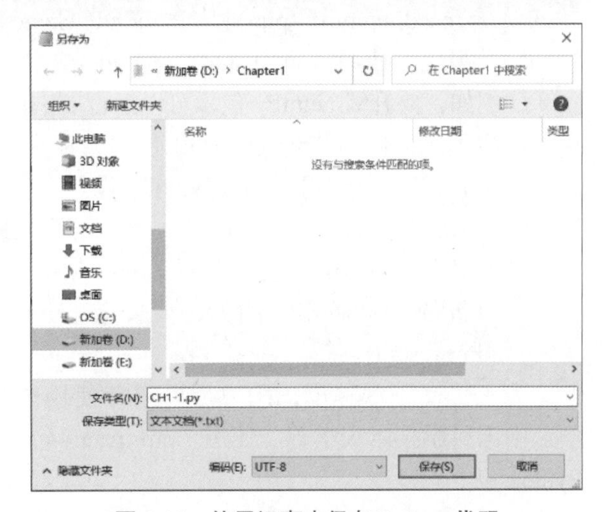

图 1-12　使用记事本保存 Python 代码

打开命令提示符窗口，进入代码所在的文件夹，输入“python 文件名”并按 Enter 键运行。命令提示符窗口下运行 .py 文件如图 1-13 所示。在命令提示符窗口中可直接运行 CH1-1.py 文件中的程序代码并显示运行结果。

Python IDLE Shell 开发环境为用户提供了文本编辑工具，并可以直接运行和调试代码。IDLE Shell 开发环境下打开文件如图 1-14 所示，File（文件）菜单中 New File（新建文件）命令可以新建扩展名为 .py 的空白文档，Open（打开）命令可以打开已保存的可运行的 .py 文件。运行代码文件如图 1-15 所示，将例 1.2 保存的 .py 文件打开，选择 Run（运行）菜单中的 Run Module（运行模块）命令运行该文件中的代码，运行结果如图 1-16 所示。

图 1-13　命令提示符窗口下运行 .py 文件

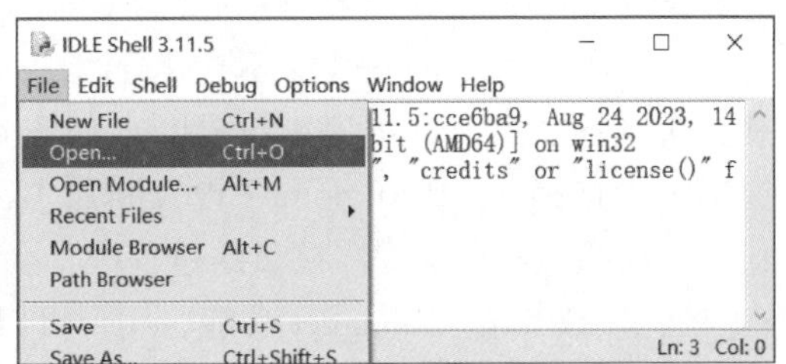

图 1-14　IDLE Shell 开发环境下打开文件

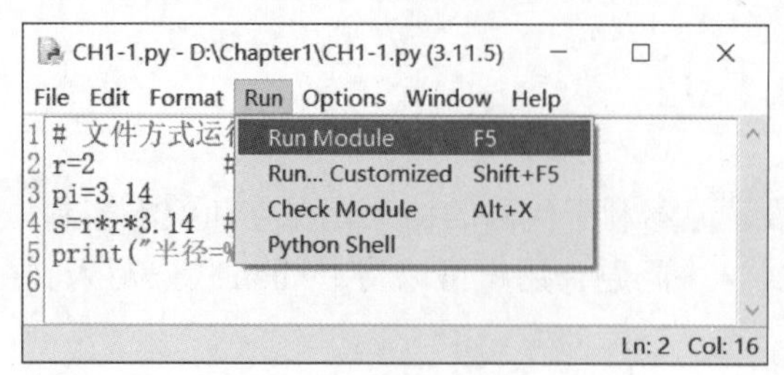

图 1-15　运行代码文件

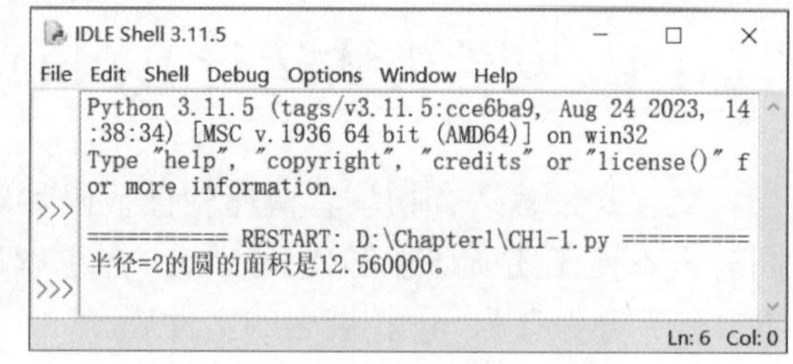

图 1-16　运行结果

1.5　包管理工具

Python 的 pip 管理器是用于安装、升级和管理第三方软件包的关键工具。以下是一些基本的 pip 命令。

- 安装包：使用“pip install 包名”命令可以安装 Python 包。以安装用于科学计算的 NumPy 包为例，首先在命令提示符窗口中转入 Python 程序所在目录下，然后输入 pip install numpy。pip 将从 Python Package Index 下载包并自动安装。
- 升级包：使用“pip install --upgrade 包名”命令可以升级已安装的包到最新版本。例如，要升级 NumPy 包，可以运行 pip install --upgrade numpy。
- 卸载包：使用“pip uninstall 包名”命令可以卸载不再需要的包。例如，运行 pip uninstall numpy 可以卸载 NumPy 包。
- 列出已安装的包：使用 pip list 命令可以列出当前系统上已安装的所有包及其版本号。
- 安装特定版本的包：使用“pip install 包名 == 版本号”命令可以指定要安装的包的特定版本。例如，要安装 NumPy 包的 1.21.0 版本，可以运行 pip install numpy==1.21.0。

为了提高下载速度，用户可以选择使用国内的镜像源来安装第三方包，如清华大学、中国科学技术大学等。使用“pip install 包名 -i 镜像源地址”命令从指定镜像源下载 Python 包。

视频讲解

1.6　使用 IDLE 进行程序调试

程序调试是软件开发过程中不可或缺的一部分，它涉及追踪和分析代码中的错误，协助用户实现代码修复以确保程序按预期工作。Python 提供了多种调试工具，其中 IDLE Shell 开发环境中的调试器特别适合 Python 初学者使用。

在使用 IDLE Shell 开发环境进行调试时，用户可以设置断点暂停程序执行，以便检查和分析程序状态。在程序中设置断点如图 1-17 所示，在第 3 行代码处右击，在弹出的快捷菜单中选择 Set Breakpoint（设置断点）命令。设置断点的效果如图 1-18 所示，第 3 行代码被高亮显示。在程序调试的过程中，会在第 3 行暂停，等待用户调试。

通过 IDLE 的 Debugger 功能，用户可以单步执行代码、查看局部和全局变量的值，以及控制调试过程。IDLE Shell 开发环境进入调试模式如图 1-19 所示，在 IDLE Shell 中单击

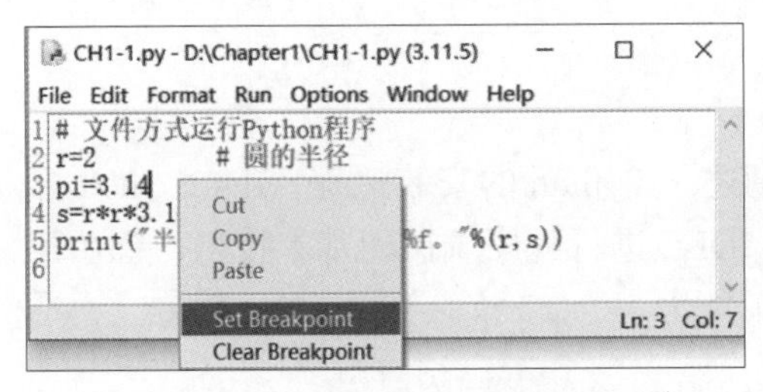

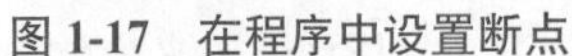
图 1-17　在程序中设置断点

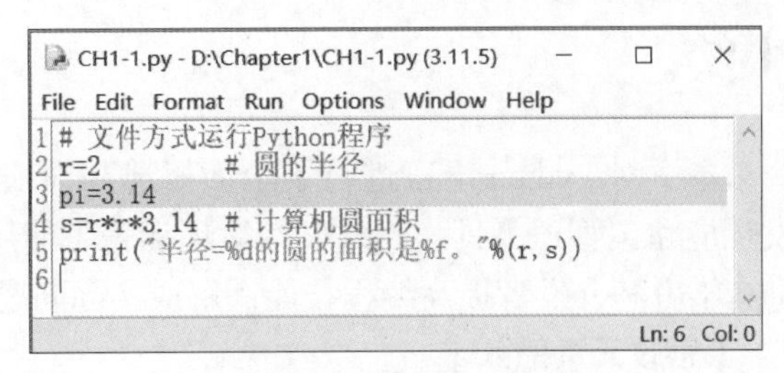

图 1-18　设置断点的效果

Debug 菜单中的 Debugger 命令，弹出 Debug Control（调试控制器），并在 IDLE Shell 的命令行中显示 [DEBUG ON]。出现该字样说明 IDLE Shell 开发环境进入调试模式。

调试控制器如图 1-20 所示，用户可以通过如下按钮控制程序下一个暂停的位置。

- Go：将执行前进到下一个断点。
- Step：执行当前行并转到下一行。
- Over：执行当前代码行，若当前代码行包含函数调用，直接执行该函数并转到下一行。
- Out：完成被调用函数的剩余代码，返回到函数被调用处。
- Quit：结束调试，终止程序运行。

另外，在调试窗口还可以选择观察以下 4 类变量。

- Globals：程序中全局变量的信息。
- Locals：程序执行过程中局部变量的本地信息。
- Stack：当前执行的函数信息。
- Source：IDLE 编辑器中的文件信息。

图 1-20 中显示的是单击 Step 按钮运行到主函数所显示的第 3 行代码处，文本框中可以观察变量信息。

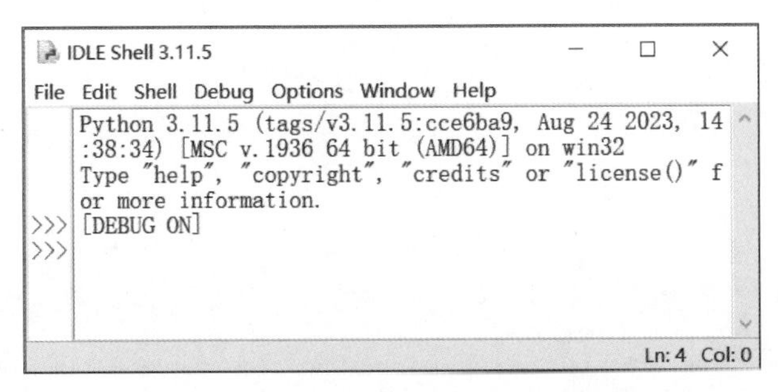

图 1-19　IDLE Shell 开发环境进入调试模式

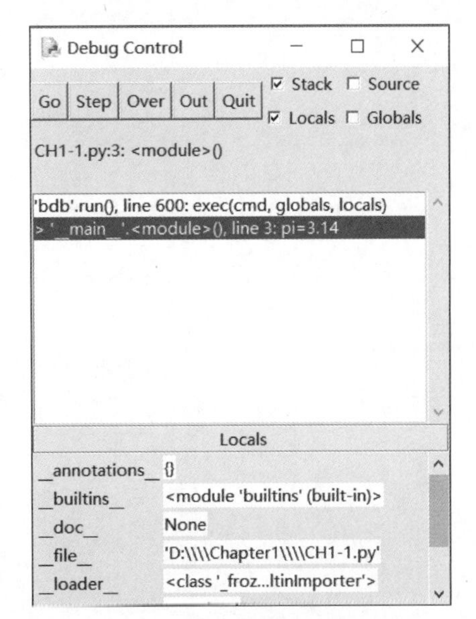

图 1-20　调试控制器

小结

本章对 Python 语言进行了全面概述并详细阐述了 Python 的安装过程，IDLE Shell 开发环境和包管理工具。此外，本章还涵盖了使用 IDLE 进行程序调试的基本技巧，旨在帮助初学者和开发者提高编程技能和解决实际问题的能力。

【思政元素融入】

通过了解 Python 的特点，激励学生在今后学习程序设计的同时提升解决实际问题的能力，也鼓励学生运用创新思维和综合技术手段去探索和解决生产实践中的各种问题。对 Python 多方面的概述，体现了对知识深度和广度的追求，鼓励学生全面发展，成为具有社会责任感和创新能力的人才。

习题

1. 简要说明 Python 的特点。
2. 编写命令，从阿里云下载并安装版本号为 1.21.0 的 NumPy 软件包。
3. 创建扩展名为 .py 的文档，在其中编写程序，计算边长为 2 的正方形的面积并输出计算结果，保存并运行该文件。

第2章 数据类型和常用内置函数

CHAPTER 2

Python 的灵活性体现在其丰富的数据类型和强大的函数库上，这些特性使其广受欢迎。要想精通 Python，掌握其基本数据类型和常用内置函数至关重要。由于编程对精确性的要求极高，任何微小的输入错误都可能导致程序运行失败。因此，本章的目的在于培养学生严谨的编程习惯，为他们深入探索 Python 奠定坚实的基础。

学习目标

（1）理解标识符和关键字的含义；掌握标识符的命名规则，识别 Python 常用关键字。

（2）理解变量的基本概念，掌握变量声明和赋值的操作方法。

（3）掌握常用内置数据类型的使用方法和适用范围。

（4）掌握常用运算符的使用方法和运算规则。

（5）理解程序预定义内置函数的意义，掌握常用内置函数的使用方法。

（6）学习内置模块的调用方法，掌握调用模块中的函数、类或常量的方法。

（7）通过课程中的实例学习，培养学生的工匠精神和精益求精的工作态度。

学习重点

熟练掌握变量、常用内置数据类型、运算符、内置函数和模块的使用方法。

学习难点

理解标识符、关键字和变量的概念，区分内置数据类型的特点和适用范围，掌握运算符、内置函数和模块的使用方法。

2.1 标识符和关键字

2.1.1 标识符

标识符是用于表示变量、函数、类、模块等程序元素的名称。在 Python 中，标识符的命名需遵循以下规则。

（1）标识符的第一个字符必须是字母或下画线。

（2）标识符的其他字符可以包含字母、数字或下画线。

（3）Python 严格区分大小写。例如，myVariable 和 myvariable 被视为不同的标识符。

（4）标识符不能与 Python 的保留关键字冲突。

2.1.2 关键字

Python 中的关键字是一组预定义的保留字，具有固定含义和特殊用途。关键字的使用方法将在后续章节中详细讲解。为避免引起语法错误或混淆，关键字不应用作标识符。Python 中常见关键字如图 2-1 所示。

Python 常见关键字				
False	class	finally	is	return
None	continue	for	lambda	try
True	def	from	nonlocal	while
and	del	global	not	with
as	elif	if	or	yield
assert	else	import	pass	
break	except	in	raise	

图 2-1 Python 中常见关键字

视频讲解

2.2 变量

2.2.1 变量的声明和赋值

在 Python 中，变量就像是一个指向计算机内存中某个数据所在位置的标签，我们称之为变量名，变量名是由用户自己定义的字符序列。变量声明和赋值的基本语法格式如下所示。

```
变量名 = 变量值
```

其中，“=”称为赋值运算符，将右侧的值赋给左侧变量。

赋值运算符的示例代码如下所示。

```
>>> x = 10
```

在上述示例中，x 是变量名，10 是被赋给变量的值。Python 会根据赋给变量的值来推断变量的类型。在这个例子中，x 会被推断为整数类型。

变量 x 和整数 10 在内存中的关系如图 2-2 所示。

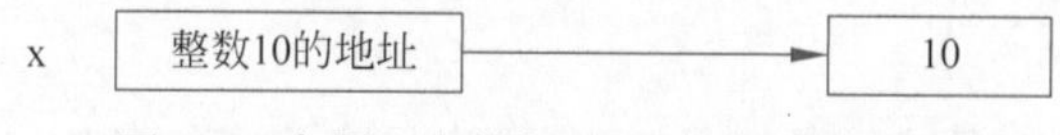

图 2-2 变量 x 和整数 10 在内存中的关系

Python 在执行每条赋值语句时，都会按照从右到左的顺序进行如下操作。

第 1 步：计算右侧的表达式（在这个例子中是 10）。

第 2 步：检查左侧的变量名 x 是否存在，若不存在则创建该变量。

第 3 步：将计算得到的值的内存地址赋给左侧的变量名。

Python 是一种动态类型语言，即变量的值在程序执行过程中可随时变化。示例代码如下所示。

```
>>> x = 10
>>> print(x)        # 输出：10
>>> x = " 诚信 "
>>> print(x)        # 输出：诚信
```

在这个示例中，变量 x 首先被赋值为整数 10，然后被重新赋值为字符串“诚信”，变量 x 的值在内存中的变化过程如图 2-3 所示。

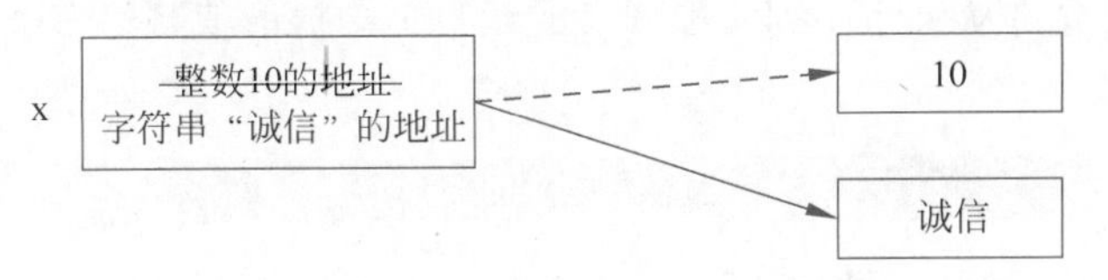

图 2-3　变量 x 的值在内存中的变化过程

下面以变量 i、j、m、n 为例，变量 i、m 指向同一个数值 3，它们存储的对象地址相同；j、n 指向同一个数值 4，它们存储的对象地址相同。变量与变量值的内存关系如图 2-4 所示。

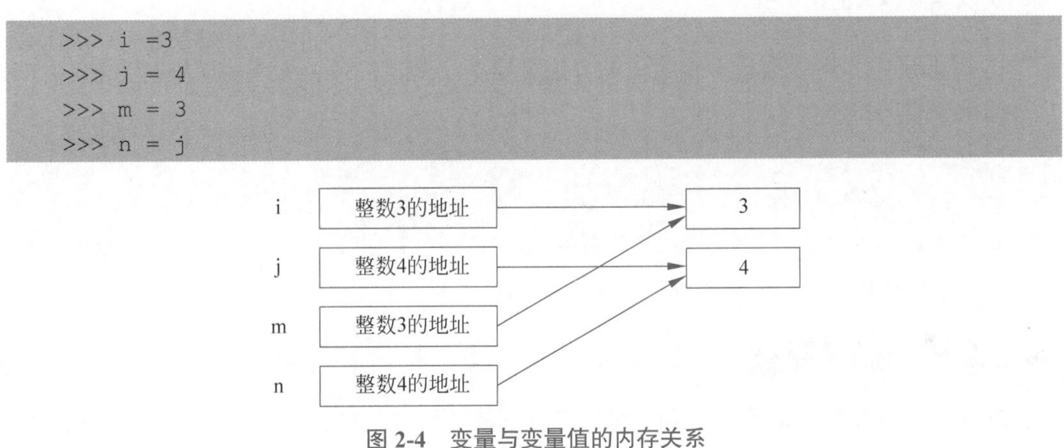

```
>>> i =3
>>> j = 4
>>> m = 3
>>> n = j
```


图 2-4　变量与变量值的内存关系

2.2.2　变量链式赋值

变量链式赋值允许同时为多个变量赋予相同的值，基本语法格式如下所示。

```
变量 1 = 变量 2 = … = 变量 n = 变量值
```

链式赋值的示例代码如下所示。

```
>>> x = y = z = 10
```

示例中，变量 x、y 和 z 被赋予的值都是整数 10。

2.2.3　变量多重赋值

变量多重赋值允许为多个变量赋予不同的值，基本语法格式如下所示。

```
变量 1, 变量 2, …, 变量 n = 变量值 1, 变量值 2,…, 变量值 n
```

变量多重赋值的示例代码如下所示。

```
>>> x, y, z = 10, 20, 30
```

示例中，变量 x、y 和 z 被赋予的值分别是整数 10、20 和 30。

2.2.4 序列解包赋值

序列解包赋值允许从一个序列（如列表或元组）中提取值赋给多个变量，基本语法格式如下所示。

```
变量 1, 变量 2, …, 变量 n = 包含 n 个元素的序列
```

序列解包赋值的示例代码如下所示。

```
>>> x, y, z = [1, 2, 3]
```

示例中，列表中的元素 1、2、3 依次赋值给变量 x、y 和 z。

2.2.5 交换变量

在 Python 中，可以通过多重赋值的方法交换两个变量的值，无须使用临时变量。

交换变量的示例代码如下所示。

```
>>> x = 10
>>> y = 20
>>> x, y = y, x          # 交换变量
```

执行上述代码后，x 的值为 20，y 的值为 10。

2.2.6 删除变量

Python 具有垃圾自动回收机制，可以自动回收不再使用的变量所占用的内存。若需要显式删除变量，可以使用 del 语句删除变量，基本语法格式如下所示。

```
del 变量 1, 变量 2, …, 变量 n
```

删除变量的示例代码如下所示。

```
>>> # 删除变量 x，回收其内存空间
>>> # 再次使用变量 x，会提示报错信息 "NameError: name 'x' is not defined"
>>> del x
>>> del a, b             # 删除变量 a、b，回收其内存空间
```

2.3 内置数据类型

Python 内置了多种数据类型，用以表示和处理各类数据。Python 常用的内置数据类型包括数值类型、布尔类型、字符串类型、列表类型、元组类型、集合类型、字典类型、二进制序列类型等。

2.3.1 数值类型

数值类型是用于表示数字的类型，包含整数型（int）、浮点数型（float）和复数型（complex）。

1）整数

整数是不包含小数和小数点的数字，可以用十进制、二进制、八进制和十六进制整数表示。

十进制整数是基数为 10 的数字系统，包含 0～9 共 10 个数字的整数，是 Python 默认的整数类型。例如，41、100、-3 等。

二进制整数是基数为 2 的数字系统，包含 0 和 1 共 2 个数字的整数。在 Python 中，使用 0b 或 0B 作为前缀表示二进制数。例如，0b101001、0B1100100 等。

八进制整数是基数为 8 的数字系统，包含 0～7 共 8 个数字的整数。在 Python 中，使用 0o 或 0O 作为前缀表示八进制数。例如，0o51、0O144 等。

十六进制整数是基数为 16 的数字系统，包含数字 0～9 和字母 A～F（或 a～f）共 16 个数字的整数。在 Python 中，使用 0x 或 0X 作为前缀表示十六进制数。例如，0x29、0X64 等。

2）浮点数

包含小数的数字会生成浮点数。例如，3.14、-0.5 等。

浮点数也可以使用科学记数法来表示，其中使用字母 e 或 E 表示指数部分以 10 为底。例如，1.23e6 表示 1.23×10^6、2.5E-3 表示 2.5×10^{-3} 等。

3）复数

复数由实数部分和虚数部分构成。在 Python 中，用形如 a+bj、a+bJ 或者 complex(a,b) 的形式表示复数，其中 a 是实部，b 是虚部，j 表示虚数单位。例如，1+2j、complex(1,2) 等。

2.3.2 布尔类型

布尔类型（bool）包含 True（逻辑真）和 False（逻辑假）两个逻辑值。在 Python 中，布尔类型是基于整数类型实现的，True 对应整数值 1，False 对应整数值 0。在逻辑运算中，0 被视为 False，非零值被视为 True。

2.3.3 字符串类型

字符串类型（str）是由字符序列组成的不可变序列，其中可以包含字母、数字、符号和空格等字符。字符串常量可以通过一对单引号（''）、一对双引号（""）或一对三引号（""""""）定义，其中三引号定义的字符串可以跨行。定义字符串的示例代码如下所示。

```
>>> # 定义变量 s1，初始值是字符串 '中国空间站'
>>> s1 = '中国空间站'
>>> # 定义变量 s2，初始值是字符串 'Chinese Dream'
>>> s2 = "Chinese Dream"
>>> # 定义变量 s3，初始值是字符串 'Shenzhou\nXIII'
>>> s3 = '''Shenzhou
XIII'''
```

```
>>> s3                         # 显示字符串变量 s3，其中包含转义字符 \n
'Shenzhou\nXIII'
>>> print(s3)                  # 输出字符串变量 s3，转义字符 \n 在输出过程中实现换行
Shenzhou
XIII
```

在字符串中，特殊字符如换行符和制表符可以用转义字符来表示。转义字符以反斜杠（\）开头，在字符串中进行转义。常用的转义字符如表 2-1 所示，其中 ASCII 码为美国信息交换标准代码（American Standard Code for Information Interchange）。

表 2-1　常用的转义字符

转义字符	含　义
\\	反斜杠（\）
\'	单引号（'）
\"	双引号（"）
\b	ASCII 码退格符
\f	ASCII 码换页符
\n	ASCII 码换行符
\r	ASCII 码回车符
\t	ASCII 码水平制表符
\0oo	八进制数 oo 代表的字符
\xhh	十六进制数 hh 代表的字符

转义字符的使用示例代码如下所示。

```
>>> # 使用 print 函数输出包含单引号和水平制表符的字符串
>>> print('China\'s\t\'New Era\'')
China's	'New Era'
```

2.3.4　列表类型

列表类型（list）是由 0 到多个元素构成的可变序列，每个元素允许是任意数据类型。列表使用方括号（[]）表示，每个元素之间用逗号（,）分隔。定义列表类型变量的示例代码如下所示。

```
>>> L1 = [1, 2, 3]                     # 定义列表类型变量 L1，每个元素均为整数
>>> L2 = []                            # 包含 0 个元素的列表称为空列表
>>> L3 = [3.14, True, ['a', 'b']]      # 包含不同类型元素的列表
>>> print(L1, L2, L3)                  # 使用 print 函数输出 3 个变量的值
[1, 2, 3] [] [3.14, True, ['a', 'b']]
```

2.3.5　元组类型

元组类型（tuple）是由 0 到多个元素构成的不可变序列，与列表类似，但一旦创建就不能修改。元组用圆括号（()）表示，每个元素之间用逗号（,）分隔。定义元组类型变量的示例代码如下所示。

```
>>> # 定义元组类型变量 t1, 元组中的元素可以包含各种数据类型
>>> t1 = (2, 4, 'China', [True, 6]) # 包含不同类型元素的元组
>>> t2 = ()                          # 包含 0 个元素的元组称为空元组
>>> t3 = (8, )                       # 元组中只有 1 个元素时，后面的逗号不能省略
>>> print(t1, t2, t3)                # 使用 print 函数输出 3 个变量的值
(2, 4, 'China', [True, 6]) () (8,)
```

2.3.6 集合类型

集合类型（set）表示无序的元素集合，每个元素只能是不可变的数据类型，如数值类型、字符串类型、元组类型等。集合类型使用花括号（{}）表示，每个元素之间用逗号（,）分隔，不允许出现重复元素。定义集合类型变量的示例代码如下所示。

```
>>> s1 = {1, "2", (3, 4)}    # 定义集合类型变量 s1，元素只能包含不可变数据类型
>>> s2 = {}                  # 包含 0 个元素的集合称为空集合
>>> s3 = {3, 4, 3, 5}        # 集合中只保留唯一的一个重复的元素
>>> print(s1, s2, s3)
{'2', 1, (3, 4)} {} {3, 4, 5}
```

2.3.7 字典类型

字典类型（dict）中的元素是由键（key）和值（value）成对构成的数据结构，因此字典元素也被称为键值对。字典类型使用花括号（{}）表示，每个键值对之间用逗号（,）分隔，键和值之间用冒号（：）分隔。字典的键必须是不可变的数据类型，如字符串、数字或元组类型。同一个字典中的键不能重复，值可以是任意数据类型。定义字典类型变量的示例代码如下所示。

```
>>> d1 = {'name': 'John', 'age': 30}  # 定义字典类型变量 d1，包含两个键值对
>>> d1                                # 字典类型变量 d1 的值
{'name': 'John', 'age': 30}
>>> # 定义字典类型变量 d2，重复的键会覆盖前面的键值对
>>> d2 = {'name': '张三', 'age': 30, 'name': '李四', 'age': 40}
>>> d2                                  # 字典类型变量 d2 的值
{'name': '李四', 'age': 40}
```

2.3.8 二进制序列类型

二进制序列类型用于表示二进制数据，其中字节串（bytes）是一种不可变的二进制序列，由一系列的字节组成，每字节的值范围是 0 到 255。字节串使用前缀字符 b 引导字符串。定义字节串常量的示例代码如下所示。

```
>>> # 定义字节串常量，默认使用 UTF-8 编码处理
>>> b'\x4b\x75\x61\x46\x75\x20\x4e\x6f\x2e\x31'
b'KuaFu No.1'
```

示例中 b' KuaFu No.1' 表示字节串，其中每个字符都由一字节表示。与字符串不同，

字节串用于处理和传输二进制数据，常用于文件读写、网络通信和加密等场景。

2.4 运算符

运算符是执行各类操作的特殊符号或关键字，它们可以对变量、常量和表达式进行处理，以生成新的值或执行特定的计算。Python 提供了多种类型的运算符，包括算术运算符、复合赋值运算符、关系运算符、逻辑运算符等。

2.4.1 算术运算符

用于处理四则运算的符号被称为算术运算符。Python 的算术运算符如表 2-2 所示。

表 2-2 Python 的算术运算符

运算符	功能表述	优先级
+	加法运算	3 级
-	减法运算	3 级
*	乘法运算	2 级
/	除法运算	2 级
//	整除运算	2 级
%	取模运算	2 级
**	幂运算	1 级

1）加法（+）/ 减法（-）/ 乘法（*）/ 除法（/）运算

完成两个数的加、减、乘和除运算。当运算对象全为整数或浮点数时，+、-、* 的运算结果分别为整数或浮点数；当运算对象混合，运算结果为浮点数；除法运算结果总是浮点数。示例代码如下所示。

```
>>> 6 + 2
8
>>> 8 - 2.0
6.0
>>> 3 * 3.1415
9.4245
>>> 4 / 2
2.0
```

2）整除（//）运算

一个数除以另一个数，运算结果为不大于商的最大整数部分。示例代码如下所示。

```
>>> 7 // 3
2
>>> -7 // -3
2
>>> -7 // 3
-3
```

```
>>> 7 // -3
-3
```

3）取模（%）运算

假设 c=a // b，r=a % b，则 r=a − c * b。示例代码如下所示。

```
>>> 7 % 3
1
>>> -7 % -3
-1
>>> -7 % 3
2
>>> 7 % -3
-2
```

4）幂（**）运算

使用 a**b 计算 a^b，其中 a、b 可为整数或者浮点数。示例代码如下所示。

```
>>> 2 ** 3
8
>>> 2.5 ** 2
6.25
```

Python 中的幂运算符与其余 6 个算术运算符的运算方向不同，幂运算具有右结合性，因此连续多个幂运算时计算顺序为自右向左。示例代码如下所示。

```
>>> 2 ** 3 ** 2          # 计算结果是 512，先计算 3**2，再计算 2**9
512
```

2.4.2 表达式和算术运算符的优先级

用变量、常量、运算符和函数调用组成的符合语法规则的组合被称为表达式，主要用于计算和生成值。例如，算术表达式 $\frac{3x+4y}{5}+\frac{xy}{7}-\frac{(x-5)(2y-1)}{5}$ 可以组合为的 Python 表达式为 (3*x+4*y) /5+x*y/7−(x−5) * (2*y−1) /x。运算过程遵循算术运算规则，即首先执行括号内的运算，括号可以嵌套，内层括号优先被执行。算术运算符中幂运算的优先级最高，加、减运算符优先级最低。

2.4.3 复合赋值运算符

复合赋值运算符是一类结合算术运算和赋值运算的运算符，目的是简化代码。复合赋值运算符如表 2-3 所示。

表 2-3　复合赋值运算符

运算符	功能描述	示例	等价运算
+=	加法赋值复合运算	y+=x	y=y+x
−=	减法赋值复合运算	y−=x	y=y−x

续表

运算符	功能描述	示例	等价运算
*=	乘法赋值复合运算	y *=x	y=y * x
/=	除法赋值复合运算	y /=x	y=y / x
//=	整除赋值复合运算	y //=x	y=y // x
%=	取模赋值复合运算	y %=x	y=y % x
**=	幂赋值复合运算	y **=x	y=y ** x

2.4.4 关系运算符

关系运算（也称为比较运算）用于比较两个实体之间的关系。运算结果反映两个实体之间的关系，关系成立则运算结果为 True，反之为 False。Python 中关系运算符如表 2-4 所示，其中各关系运算符优先级相同，遵循从左到右的运算顺序。

表 2-4 Python 中关系运算符

运算符	功能描述	示例	等价运算
==	等于	x==y	如果 x 等于 y，则返回 True；否则返回 False
!=	不等于	x!=y	如果 x 不等于 y，则返回 True；否则返回 False
>	大于	x>y	如果 x 大于 y，则返回 True；否则返回 False
<	小于	x<y	如果 x 小于 y，则返回 True；否则返回 False
>=	大于或等于	x>=y	如果 x 大于或等于 y，则返回 True；否则返回 False
<=	小于或等于	x<=y	如果 x 小于或等于 y，则返回 True；否则返回 False

逻辑值 True 和 False 也可以参与数值类型关系运算，其对应的数值分别是 1 和 0。示例代码如下所示。

```
>>> 3.5 > 4
False
>>> True == 1
True
>>> False == 0
True
>>> 3 >= False
True
```

关系运算符还可以对字符串类型的数据进行比较，字符串的大小比较是基于字符的统一码（Unicode）编码值进行的。比较操作从两个字符的第一个字符开始，依次比较相同位置字符的 Unicode 编码值。若在比较过程中，发现相同位置字符的编码值不相等，则返回相应的结果；如果两个字符串的所有字符的编码值都相等，但其中一个字符串的长度较短，则认为较短的字符串小于较长的字符串。示例代码如下所示。

```
>>> 'abc' < 'aBc'
False
```

Unicode 编码中数字和英语字母的编码与 ASCII 编码一致，其字符编码大小关系是 '0' < '1'< … < '9' < 'A' < 'B' < … < 'Z'< 'a' < 'b' < … < 'z'。因此示例中当比较到第二个字符时，'b' 的 ASCII 编码大于 'B' 的 ASCII 编码，得到字符串 'abc' 大于字符串 'aBc' 的结论，小于关系不成立，表达式结果为 False。

2.4.5　逻辑运算符

逻辑运算一般用于操作逻辑值（True 和 False）并生成新的逻辑值结果，逻辑运算可以在条件语句、循环和逻辑判断等场景中使用，用于控制程序的流程和逻辑判断。Python 使用关键字 and、or 和 not 作为逻辑运算符。逻辑运算符及运算规则如表 2-5 所示。由表 2-5 可知，逻辑运算符中 not 运算符优先级最高，or 运算符优先级最低。

表 2-5　逻辑运算符及运算规则

运算符	示例	功能描述	优先级
not	not x	逻辑非运算。操作数 x 为 True，运算结果为 False；操作数 x 为 False，运算结果为 True	1
and	x and y	逻辑与运算。操作数 x 和 y 都为 True 时，运算结果为 True；否则为 False	2
or	x or y	逻辑或运算。操作数 x 和 y 都为 False 时，运算结果为 False；否则为 True	3

在 Python 中，除了布尔类型可以作为操作数外，数值、字符串、元组、列表、集合、字典等类型也可以参与逻辑运算。0、空字符串和 None 等视为 False，其他数值、非空字符串等视为 True。示例代码如下所示。

```
>>> x, y, z = True, True, False      # 布尔类型变量参与逻辑运算
>>> print(not x, x and y, x and z, x or y, z or False)
False True False True False
>>> x, y, z = 0, "", None            # 0 、空字符串和 None 参与逻辑运算
>>> print(not x, not y, not z)
True True True
>>> x or y                           # 运算结果为变量 y 的值
''
```

在 Python 中，and 和 or 的计算方向是从左到右。如果逻辑运算符号左边的表达式已经能够确定整个逻辑运算的值，就不再继续计算逻辑运算符号右边的表达式，称这个过程为逻辑运算的短路逻辑。示例代码如下所示。

```
>>> 0 and 4                          # 逻辑与运算的短路逻辑
0
>>> 4 or 0                           # 逻辑或运算的短路逻辑
4
```

2.4.6　成员运算符

成员运算符用于检查一个值是否属于一个序列（如字符串、列表或元组）或者是否属于一个集合（如字典的键或集合）。Python 中成员运算符如表 2-6 所示。

表 2-6　Python 中成员运算符

运算符	示　例	功能描述
in	a in b	如果 a 在序列 b 中，运算结果为 True；否则为 False
not in	a not in b	如果 a 不在序列 b 中，运算结果为 True；否则为 False

成员运算符的示例代码如下所示。

```
>>> # 定义 3 个变量，变量类型分别是数值类型、字符串类型和列表类型
>>> x, str1, list1 = 1, 'China', [2, 'China', 3.14]
>>> x in list1          # 判断变量 x 的值是否在列表类型变量 list1 中
False
>>> str1 in list1       # 判断字符串变量 str1 的值是否在列表类型变量 list1 中
True
```

2.4.7　身份运算符

身份运算符用于判断两个变量是否引用自同一个对象，运算结果为逻辑值。Python 中身份运算符如表 2-7 所示。

表 2-7　Python 中身份运算符

运算符	示　例	功能描述
is	a is b	如果变量 a 和 b 引用同一个内存空间，运算结果为 True；否则为 False
is not	a is not b	如果变量 a 和 b 没有引用同一个内存空间，运算结果为 True；否则为 False

使用身份运算符时，可以利用 id() 函数来验证两个变量的引用对象是否相同，id() 函数返回对象在内存中的地址。示例代码如下所示。

```
>>> a, b = 1, 2
>>> c = a
>>> # 变量 a 和 b 引用的内存空间不相同，变量 a 和 c 引用的内存空间相同
>>> print(a is not b, a is c)
True True
>>> print(id(a), id(b), id(c))     # 使用 id() 函数查看变量引用内存空间的地址
2423005538608 2423005538640 2423005538608
```

另外，运算符 is 和 == 常常混淆。运算符 is 用于判断两个变量引用的内存空间是否相同，== 用于判断两个操作数的值是否相等。示例代码如下所示。

```
>>> a = [0, 1, 2]                  # 定义列表类型变量 a
>>> b = [1 - 1, 2 - 1, 3 - 1]      # 定义列表类型变量 b
>>> a == b                         # 列表变量 a 和 b 的值相同
True
>>> a is b                         # 列表变量 a 和 b 引用的内存空间不相同
False
```

2.4.8　运算符的优先级

在 Python 的表达式中，多类运算符的运算次序取决于它们的优先级。Python 运算符

的优先级如表 2-8 所示，优先级高的运算符先结合，优先级低的运算符后结合。

表 2-8　Python 运算符的优先级

优先级	运算符	描述
1	()	圆括号
2	**	幂运算
3	+, -	一元运算符，表示数值的正负属性
4	*, /, //, %	乘法、除法、整除和取模运算符
5	+, -	加法、减法运算符
6	<, <=, >, >=, !=, ==	比较运算符
7	is, is not	身份运算符
8	in, not in	成员运算符
9	not	逻辑非运算符
10	and	逻辑与运算符
11	or	逻辑或运算符
12	=	赋值运算符

2.5　内置函数

内置函数是编程语言中预先定义的函数，可以直接在程序中使用，无须进行额外的定义或导入。Python 的内置函数覆盖了字符串处理、数学运算、文件操作等领域。内置函数在 Python 解释器的底层实现，执行效率高于自定义函数，同时简化了代码。Python 为开发人员提供了 help() 函数，方便获取内置函数、模块、类、方法等的详细用法信息。示例代码如下所示。

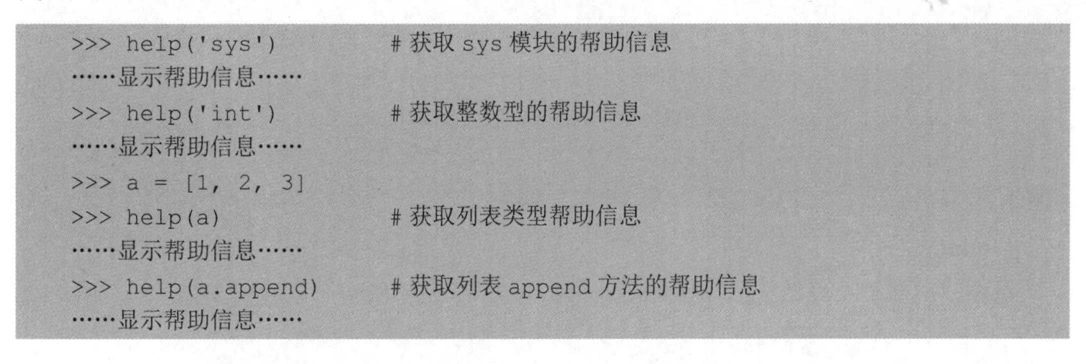

```
>>> help('sys')              # 获取 sys 模块的帮助信息
……显示帮助信息……
>>> help('int')              # 获取整数型的帮助信息
……显示帮助信息……
>>> a = [1, 2, 3]
>>> help(a)                  # 获取列表类型帮助信息
……显示帮助信息……
>>> help(a.append)           # 获取列表 append 方法的帮助信息
……显示帮助信息……
```

2.5.1　数学相关内置函数

1. abs()

该函数返回一个数的绝对值，可以接收一个整数或浮点数作为参数；如果参数是一个复数，则返回它的模。函数的基本语法格式如下所示。

```
abs(x)
```

示例代码如下所示。

```
>>> n1 = -9
>>> n2 = 3.14
>>> abs(n1)
9
>>> abs(n2)
3.14
```

2. sum()

该函数用于计算可迭代对象（如列表、元组或集合）中所有元素的总和。函数的基本语法格式如下所示。

```
sum(iterable[, number])
```

其中，iterable 参数是必选参数，表示可迭代对象，如列表、元组、集合等；参数 number 为可选参数，表示相加的数值，默认为 0。示例代码如下所示。

```
>>> numbers = [1, 2, 3, 4, 5]
>>> sum(numbers)             # 对列表内所有元素进行求和
15
>>> sum(numbers,10)          # 列表元素的总和加 10
25
```

3. max()

该函数返回给定可迭代对象中的最大值。函数的基本语法格式如下所示。

```
max(x1[, x2][, x3,…])
```

其中，x1 为必选参数，其余为可选参数，所有参数要求为同一数据类型。示例代码如下所示。

```
>>> max(3, 4, 5)             # 对多个数值类型数据查找最大值
5
>>> max([1, 2, 3], [3, 4])   # 对多个列表类型数据查找最大值
[3, 4]
```

4. min()

该函数返回给定可迭代对象中的最小值。函数的基本语法格式如下所示。

```
min(x1[, x2][, x3,…])
```

其中，x1 为必选参数，其余为可选参数，所有参数要求为同一数据类型。示例代码如下所示。

```
>>> min(3, 4, 5)
3
>>> min([1, 2, 3], [3, 4])
[1, 2, 3]
```

5. divmod()

该函数计算给定两个非负数的商和余数。函数的基本语法格式如下所示。

```
divmod(a, b)
```

其中，参数 a 和 b 的商和余数构成一个元组类型数据。示例代码如下所示。

```
>>> divmod(10, 3)        #10 和 3 的商是 3，余数是 1，返回结果是元组类型数据
(3, 1)
```

6. pow()

该函数用于计算一个数的幂。函数的基本语法格式如下所示。

```
pow(base, exp[, mod])
```

函数计算参数 base 的 exp 次幂；如果参数 mod 存在，则返回 base 的 exp 次幂对 mod 取余。示例代码如下所示。

```
>>> pow(2, 3)           #2 的 3 次幂为 8
8
>>> pow(2, 3, 5)        #(2 ** 3) % 5 = 8 % 5 = 3
3
```

7. round()

该函数用于对一个浮点数进行四舍五入。函数的基本语法格式如下所示。

```
round(number[, ndigits])
```

其中，参数 number 为计算对象；参数 ndigits 表示保留的小数位数，该参数为整数型，默认值为 0。示例代码如下所示。

```
>>> round(3.14159)     # 对 3.14159 进行四舍五入，结果为 3
3
>>> round(3.14159,2) # 对 3.14159 进行四舍五入并保留两位小数，结果为 3.14
3.14
```

8. range()

该函数用于生成一个整数型可迭代对象，它常用于迭代操作。函数的基本语法格式如下所示。

```
range([start, ]stop[, step])
```

其中，所有参数都为整数型。可选参数 start 指定序列的起始值，默认为 0；必选参数 stop 指定序列的终止值，生成序列不包含终止值；可选参数 step 指定两个相邻数之间的间隔，默认为 1，不可以为 0。示例代码如下所示。

```
>>> a = range(5)        # 等价 range(0,5)
>>> a                   # 变量 a 是可迭代对象
range(0, 5)
```

Python 中的字符串、列表、元组、字典、文件对象等都是可迭代对象，可以通过迭代器顺序访问迭代对象中的元素。使用类型转换函数可以将函数 range() 生成的可迭代对象转换为其他可迭代对象。示例代码如下所示。

```
>>> a = range(5)        # 变量 a 是可迭代对象，对象中包含 5 个整数元素：0、1、2、3、4
>>> list(a)             # 转换为列表类型
[0, 1, 2, 3, 4]
>>> tuple(a)            # 转换为元组类型
(0, 1, 2, 3, 4)
```

2.5.2 类型转换内置函数

Python 提供了一系列的类型转换内置函数，用于将数据从一种类型转换为另一种类型。这一类函数可以实现基本数据类型的转换，Python 中基本数据类型转换内置函数如表 2-9 所示。

表 2-9 Python 中基本数据类型转换内置函数

基本格式	功能描述及说明	示例	运行结果
bool([x])	功能：返回一个逻辑值 说明：参数 x 可为数值、字符串、内置可迭代对象	bool(" 中国 ") bool(False)	True False
int([x])	功能：返回一个基于数值或字符串 x 生成的整数 说明：参数 x 可为数值、整数类型字符串	int("10") int(3.14)	10 3
float([x])	功能：返回从数值或字符串 x 生成的浮点数 说明：参数 x 可为数值、数值类型字符串	float("3.14")	3.14
str([x])	功能：返回基于对象 x 所生成的字符串 说明：参数 x 可为数值、内置可迭代对象	str(3.14) str([1, 2])	'3.14' '[1, 2]'
list([iterable])	功能：返回基于可迭代对象 iterable 生成的列表	list(" 神州 ") list({'one, 1, 2})	[' 神 ', ' 州 '] ['one', 1, 2]
tuple([iterable])	功能：返回基于可迭代对象 iterable 生成的元组	tuple(" 蛟龙 ") tuple(['two', 3, 4])	(' 蛟 ', ' 龙 ') ('two', 3, 4)
dict([iterable])	功能：返回基于可迭代对象 iterable 生成的字典	dict([('one', 1), ('two', 2),('three', 3)])	{'one':1, 'two':2, 'three':3}
set([iterable])	功能：返回基于可迭代对象 iterable 生成的集合	set([1, 2, 3]) set(" 神州 ")	{1, 2, 3} {' 神 ', ' 州 '}

在 Python 中，除了布尔类型可以作为操作数，数值、字符串、元组、列表、集合、字典等类型也可以参与逻辑运算。将 0、空字符串和 None 等视为 False，其他数值、非空字符串等视为 True。示例代码如下所示。

```
>>> print(bool(0), bool(None), bool(""), bool([]), bool({}))
False False False False False
>>> print(bool(-3), bool("龙"), bool((1, 2)))
True True True
```

基本数据类型转换函数的参数可以省略，参数省略时返回默认值。示例代码如下所示。

```
>>> print(bool(), int(), float())
False 0 0.0
>>> print(str(), list(), tuple())  #print() 函数输出字符串时只显示界定符内的部分
 [] ()
>>> str()
''
>>> print(dict(), set())
{} set()
```

Python 提供了各进制之间的数值转换函数，不同进制之间的数值转换函数如表 2-10 所示。

表 2-10　不同进制之间的数值转换函数

基本格式	功能描述	示　例	运行结果
hex(x)	将整数 x 转换为以“0x”为前缀的小写十六进制字符串	x=254 hex(x)	0xfe
oct(x)	将整数 x 转换为一个前缀为“0o”的八进制字符串	x=254 oct(x)	0o376
bin(x)	将整数 x 转换为一个前缀为“0b”的二进制字符串	x=254 bin(x)	0b11111110

此外，Python 提供了整数和 Unicode 编码转换函数，整数和 Unicode 编码转换函数如表 2-11 所示。

表 2-11　整数和 Unicode 编码转换函数

基本格式	功能描述及说明	示　例	运行结果
chr(x)	返回整数 x 在 Unicode 编码对应字符的字符串格式	chr(65)	'A'
ord(x)	返回单个字符构成的字符串 x 在 Unicode 编码中对应的整数值	ord('a')	97

在程序编写过程中，可以使用 type() 函数检查对象的类型。示例代码如下所示。

```
>>> x = 65
>>> type(x)               # 查看变量 x 的数据类型
<class 'int'>
>>> y = chr(x)
>>> type(y)               # 查看变量 y 的数据类型
<class 'str'>
```

2.5.3　其他常用内置函数

Python 为可迭代对象提供了常用的内置函数，提高对数据遍历、过滤的效率。

1. len()

该函数获取对象的长度或元素个数。函数的基本语法格式如下所示。

```
len(seq)
```

其中，seq 可以是字符串、列表、元组等可迭代对象。示例代码如下所示。

```
>>> len("Hello,World!")         # 显示字符串长度
12
>>> len((1, 2, 3, 4, 5))        # 显示元组元素个数
5
```

2. eval()

该函数将具有表达式含义的字符串作为 Python 表达式进行求值，并返回结果。函数的基本语法格式如下所示。

```
eval(expression)
```

其中，expression 为字符串。示例代码如下所示。

```
>>> x, y = 2, 3
>>> exp = "x*y"
>>> result = eval(exp)  # 将字符串转换为表达式进行求值，计算结果赋值给变量 result
>>> print(result)       # 显示变量 result 的值
6
```

3. all()

该函数用于判断可迭代对象中所有元素是否都为真。函数的基本语法格式如下所示。

```
all(iterable)
```

其中，iterable 可以是列表、元组、字符串等可迭代对象。如果所有元素都为真则返回 True，否则返回 False；如果可迭代对象为空，all() 函数返回 True。示例代码如下所示。

```
>>> tuple1 = (2, 3, 4)
>>> all(tuple1)          # 非 0 数值、非空字符串视为 True
True
>>> set1 = {0, 1, 2}
>>> all(set1)            # 将 0、空字符串和 None 视为 False
False
>>> list1 = []
>>> all(list1)           # 对于空的可迭代对象，all() 函数返回 True
True
```

4. any()

该函数用于判断可迭代对象中任一元素是否为真。函数的基本语法格式如下所示。

```
any(iterable)
```

其中，如果可迭代对象 iterable 中的任何一个元素为真，any() 函数返回 True；如果所有元素都为假（0、空、None），any() 函数返回 False；如果可迭代对象为空，any() 函数返回 False。示例代码如下所示。

```
>>> set1 = {0, '', False, None, 'Hello'}
>>> any(set1)            # 非 0 数值、非空字符串视为 True
```

```
True
>>> tuple1 = ((0, '', False, None))
>>> any(tuple1)          # 0、空字符串和 None 视为 False
False
>>> list1 = []
>>> any(list1)           # 对于空的可迭代对象，any() 函数返回 False
False
```

2.6　内置模块

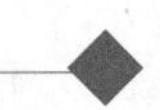

内置模块也被称为标准库，是 Python 官方提供的一系列功能丰富的函数库。这些模块在安装 Python 时默认安装，并通过 import 语句导入使用。相较于内置函数，内置模块提供了更为专业和全面的标准解决方案，能够应对更为复杂的编程需求。

常见的 Python 内置模块如下。

（1）math 模块：该模块包含与数学运算相关的函数，如数学函数（sqrt()、sin()、cos() 等）、数值运算（ceil()、floor()、round() 等）、常量（pi、e 等）等。

（2）random 模块：该模块包含生成随机数的相关函数，如生成随机整数、随机浮点数、随机选取元素等。

（3）time 模块：该模块包含与时间相关的函数，如获取时间戳、格式化时间字符串等。

（4）turtle 模块：该模块为用户提供了图形绘制工具，其中包含了函数和方法，允许用户通过简单的命令绘制各种形状和图案，特别适合初学者学习编程和图形绘制。

（5）re 模块：该模块包含与正则表达式相关的函数和类，用于在文本中进行模式匹配和搜索。

（6）os 模块：该模块提供与操作系统交互的函数，如文件和目录操作、环境变量、进程管理等。

（7）sys 模块：该模块提供与 Python 解释器和系统相关的变量和函数，如 Python 解释器的版本信息、命令行参数、标准输入输出等。

2.6.1　导入模块

要使用某个模块中的函数或方法，首先需要导入该模块。在 Python 中使用 import 语句实现模块的导入。以下是导入模块的常用方式。

1. 导入整个模块

基本语法格式如下所示。

```
import module_name
```

这种方式将整个模块导入，导入后通过使用 module_name.function_name 或 module_name.variable_name 调用模块中的函数、类或常量。示例代码如下所示。

```
>>> import math                    # 导入 math 模块
>>> math.pow(3, 2)                 # 调用 math 模块中 pow() 函数
9.0
```

```
>>> math.pi                        # 调用 math 模块中常量 pi
3.141592653589793
```

2. 导入模块的特定函数、类或常量

基本语法格式如下所示。

```
from module_name import function_name,class_name,variable_name
```

这种方式只导入模块中指定的函数、类或变量，并可以直接使用它们，无须使用模块名作为前缀。示例代码如下所示。

```
>>> from math import pow, pi       # 从 math 模块中导入 pow() 函数和常量 pi
>>> pow(3, 2)
9.0
>>> pi
3.141592653589793
```

3. 导入模块并指定别名

基本语法格式如下所示。

```
import module_name as alias_name
```

这种方式将整个模块导入，并指定一个别名 alias_name，在代码中可以使用别名来代替模块名。示例代码如下所示。

```
>>> import math as shuxue          # 导入 math 模块，并指定别名为 shuxue
>>> shuxue.sqrt(3)                 # 用别名调用 math 模块中的 sqrt() 函数
1.7320508075688772
```

4. 导入模块的所有内容

基本语法格式如下所示。

```
from module_name import *
```

这种方式将模块中的所有函数、类和变量导入当前命名空间，可以直接使用它们，无须使用模块名作为前缀。但是，这种导入方式可能导致命名冲突和不明确性，通常不推荐使用。

2.6.2 math 模块

math 模块是 Python 中用于数学运算的重要模块。它包括数学函数（sqrt()、sin()、cos() 等）、数值运算（ceil()、floor()、round() 等）、常量（pi、e 等）等。调用该模块的相关函数或常量，需要使用 import math 导入。math 模块的常用函数和常量如表 2-12 所示。

表 2-12 math 模块的常用函数和常量

基本格式	功能描述及说明	示例	运行结果
e	自然对数的底	math.e	2.718281828459045
pi	圆周率	math.pi	3.141592653589793

续表

基本格式	功能描述及说明	示　例	运行结果
ceil(x)	返回大于或等于 x 的最小整数	math.ceil(2.1)	3
exp(x)	返回 e 的 x 次幂	math.exp(2)	7.38905609893065
fabs(x)	返回 x 的绝对值	math.fabs(-2)	2.0
factorial(n)	返回关于正整数 n 的阶乘	math.factorial(4)	24
floor(x)	返回小于或等于 x 的最大整数	math.floor(2.8)	2
fmod(x, y)	返回 x/y 的余数	math.fmod(7, 3)	1.0
log(x)	返回以 e 为底 x 的对数	math.log(4)	1.3862943611198906
log(x, base)	返回以 base 为底 x 的对数	math.log(8, 2)	3.0
log2(x)	返回以 2 为底 x 的对数	math.log2(8)	3.0
log10(x)	返回以 10 为底 x 的对数	math.log10(100)	2.0
pow(x, y)	返回 x 的 y 次幂	math.pow(3, 4)	81.0
sqrt(x)	返回 x 的平方根	math.sqrt(16)	4.0
degrees(x)	将角度 x 从弧度转换为度数	math.degrees(0.53)	30.36676314193363
radians(x)	将角度 x 从度数转换为弧度	math.radians(30)	0.5235987755982988
cos(x)	返回 x 弧度的余弦值	math.cos(0)	1.0
sin(x)	返回 x 弧度的正弦值	math.sin(0.53)	0.5055333412048469

【例 2.1】在 IDLE 交互式环境下，计算半径为 2 的圆面积。

示例代码如下所示。

```
>>> import math
>>> r=2
>>> s=math.pi*math.pow(r,2)
>>> s
12.566370614359172
```

2.6.3　random 模块

random 模块提供了一系列生成随机数的函数，适用于各种随机化场景。使用 import random 命令可导入该模块。

1. random()

该函数返回 [0, 1) 范围内的随机浮点数。示例代码如下所示。

```
>>> random.random()
0.16264661156015836
>>> random.random()                    # 两次调用生成的随机浮点数不相同
0.8178339881083112
```

2. uniform()

函数的基本语法格式如下所示。

```
uniform(a,b)
```

其中，a、b 为整数型的变量或常量。该函数返回 [a, b]（或者 [b, a]）范围内的随机浮点数。示例代码如下所示。

```
>>> random.uniform(1, 9)
5.754725634589229
>>> random.uniform(1, 9)              # 两次调用生成的随机浮点数不相同
1.6898826122023642
```

3. randrange()

函数的基本语法格式如下所示。

```
randrange(start, stop[, step])
```

该函数返回从 range（start，stop，step）序列中随机选择的一个元素。示例代码如下所示。

```
>>> random.randrange(1, 10, 2)      # 在 1~9 的奇数序列中生成随机数
7
```

4. randint()

函数的基本语法格式如下所示。

```
random.randint(a, b)
```

其中，a、b 为整数型的变量或常量。该函数返回 [a, b] 范围内的随机整数，相当于 randrange(a, b+1)。

5. choice()

函数的基本语法格式如下所示。

```
random.choice(seq)
```

该函数从非空序列 seq 中返回一个随机元素。集合或字典类型数据不能直接作为参数使用，需要转换成列表或元组。示例代码如下所示。

```
>>> random.choice("Python 程序设计 ")
'序'
>>> random.choice([1, 'a', 3.14])
'a'
```

6. shuffle()

函数的基本语法格式如下所示。

```
random.shuffle(seq)
```

该函数随机打乱序列 seq 各元素的位置。示例代码如下所示。

```
>>> list1=list(range(1,8,2))       # 生成列表 [1, 3, 5, 7]
>>> random.shuffle(list1)
>>> list1
[7, 3, 5, 1]
```

7. seed()

函数的基本语法格式如下所示。

```
random.seed(n = None)
```

该函数用于设置随机数生成器的初始值。参数 n 用于指定初始值。若 n 被忽略，则使用当前系统时间作为初始值。若使用相同的 n 值初始化，则随机选择的对象将相同。示例代码如下所示。

```
>>> random.seed(3)                # 初始化随机数生成器
>>> random.randint(1, 100)
82
>>> random.randint(1, 100)        # 默认使用当前系统时间
96
>>> random.seed(3)                # 初始化相同的随机数生成器
>>> random.randint(1, 100)
82
```

2.6.4 time 模块

time 模块提供了与时间相关的函数，可以用于获取时间戳、格式化时间、进行时间延迟等。使用 import time 命令可导入该模块。

1. time()

该函数返回当前时间的时间戳，即自 1970 年 1 月 1 日以来的秒数。示例代码如下所示。

```
>>> time.time()                   # 当前时间为 Sat Apr 27 10:06:43 2024
1714183603.801954
```

2. ctime(second)

该函数将时间戳 second 转换为表示时间的字符串，参数 second 为空则返回当前时间的字符串。示例代码如下所示。

```
>>> time.ctime(0)
'Thu Jan  1 08:00:00 1970'
>>> time.ctime()
' Sat Apr 27 10:07:38 2024'
```

3. sleep(second)

该函数可以在程序执行过程中暂停指定的秒数，参数 second 表示暂停的秒数。示例代码如下所示。

```
>>> time.sleep(2)                      # 暂停 2 秒
```

2.6.5 turtle 模块

turtle 模块为用户提供图形绘制工具。该模块允许用户在窗口中创建一个画布并通过控制画笔来绘制图形。用户可以设置画布属性、画笔属性，并使用各种绘图命令来创建图形。使用 import turtle 命令可导入该模块。

1. 设置画布属性

在 turtle 模块中，画布是用于绘制图形的可视化矩形区域，画笔可以在该区域内绘制图形。模块中 turtle.setup() 函数可以设置画布的尺寸、位置和其他属性。函数的基本语法格式如下所示。

```
turtle.setup(width,height,startx,starty)
```

其中，参数 width 和 height 分别表示画布的宽度和高度。参数如果为整数，表示对应尺寸为多少像素；参数如果为浮点数，表示在计算机屏幕上的占有比例（屏占比），默认值为 0.5 和 0.75。参数 startx 和 starty 分别表示画布左上角距屏幕左边缘和上边缘的偏移量，如果为 None，则表示窗口水平居中或垂直居中。示例代码如下所示。

```
>>> # 在屏幕左上角设置画布，画布宽为 800 像素，高为 600 像素
>>> turtle.setup(800, 600, 0, 0)
>>> # 设置画布的宽度和高度屏占比为 80% 和 60%，画布位于屏幕中央
>>> turtle.setup(0.8, 0.6)
```

2. 设置绘图窗口标题

为了让绘图窗口更符合使用者的需要，可以使用 turtle.title() 函数设置绘图窗口的标题栏。函数的基本语法格式如下所示。

```
turtle.title(string)
```

其中，参数 string 为一个字符串，显示为绘图窗口的标题文本。示例代码如下所示。

```
>>> turtle.setup(400, 300)          # 设置画布尺寸和位置
>>> turtle.title("Hello Turtle!")   # 设置绘图窗口的标题栏
```

画布所在的绘图窗口如图 2-5 所示。

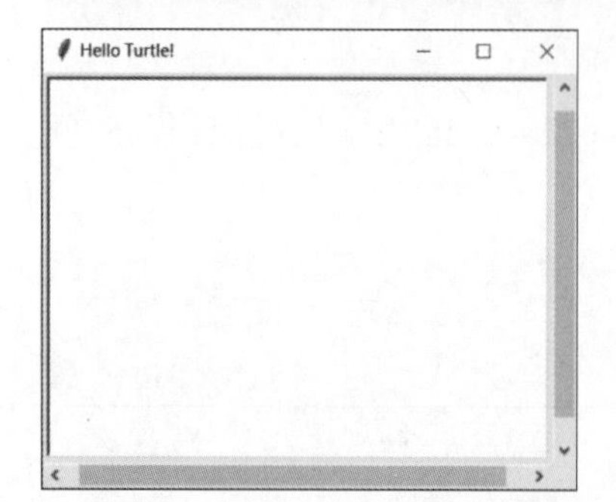

图 2-5　画布所在的绘图窗口

3. 设置画布颜色

使用 turtle.bgcolor() 函数可以设置画布的颜色。函数的基本语法格式如下所示。

```
turtle.bgcolor(color)
```

其中，参数 color 可以是表示颜色的单词字符串或对应颜色的十六进制字符串，也可以表示彩色模式。示例代码如下所示。

```
>>> turtle.bgcolor("orange")          # 设置画布颜色为橘色
>>> turtle.bgcolor("#ffff00")         # 设置画布颜色为黄色
>>> turtle.colormode(255)             # 设置 r，g，b 值，取值范围为 0~255
>>> turtle.bgcolor(255,255,255)       # 设置画布颜色为白色
>>> turtle.colormode(1)               # 设置 r，g，b 值，取值范围为 0~1
>>> turtle.bgcolor(1,0,0)             # 设置画布颜色为红色
```

其中，turtle.colormode(cmode) 函数设置三原色 r，g，b 取值范围在 0 到 cmode 之间，参数 cmode 可取 1 或者 255。当 cmode = 255 时，三原色数值分别是 cmode = 1 时对应值的 255 倍。

示例代码如下所示。

```
>>> turtle.colormode(255)            # 设置 r，g，b 值，取值范围为 0~255
>>> turtle.bgcolor(255, 192, 203)    # 设置画布颜色为粉色
>>> turtle.colormode(1)              # 设置 r，g，b 值，取值范围为 0~1
>>> turtle.bgcolor(255 / 255, 192 / 255, 203 / 255)    # 设置画布颜色为粉色
```

常见颜色单词和对应十六进制字符串如表 2-13 所示。

表 2-13　常见颜色单词和对应十六进制字符串

颜　色	颜色单词	十六进制	r, g, b colormode=255
红色	red	#ff0000	255, 0, 0
绿色	green	#00ff00	0, 255, 0
蓝色	blue	#0000ff	0, 0, 255
白色	white	#ffffff	255, 255, 255
黑色	black	#000000	0, 0, 0
青色	cyan	#00ffff	0, 255, 255
洋红	magenta	#ff00ff	255, 0, 255
黄色	yellow	#ffff00	255, 255, 0
橙色	orange	#ffa500	255, 165, 0
紫色	purple	#800080	128, 0, 128
粉色	pink	#ffc0cb	255, 192, 203
灰色	gray	#808080	128, 128, 128
棕色	brown	#a52a2a	165, 42, 42
海军蓝	navy	#000080	0, 0, 128
蓝绿	teal	#008080	0, 128, 128
黄褐色	olive	#808000	128, 128, 0

4. 设置画笔属性

在绘图过程中，利用 turtle 模块的方法可以随时设置画笔的笔触宽度、笔触形状、笔触线条和填充颜色等属性，设置画笔属性的常用方法如表 2-14 所示。

表 2-14　设置画笔属性的常用方法

方　法	说　明	示　例
pensize(width)	设置画笔的笔触宽度为 width 像素，参数 width 为空返回当前笔触宽度像素值	turtle.pensize(8)
shape(name)	设置字符串 name 为画笔的笔触形状，常见笔触形状包括 "classic" "arrow" "turtle" "circle" "square" "triangle"，参数为空返回当前笔触形状	turtle.shape("classic")
pencolor(color)	设置画笔颜色为参数 color，参数为空返回当前画笔颜色	turtle.pencolor("red")
fillcolor(color)	设置画笔填充颜色为参数 color，参数为空返回当前画笔填充颜色	turtle.fillcolor("blue")

续表

方　法	说　明	示　例
color(color1, color2)	设置画笔颜色和填充颜色分别为参数 color1 和 color2，参数为空返回当前画笔颜色和填充颜色	turtle.color("red", "blue")
hideturtle()	隐藏画笔的形状，可提高绘画速度	turtle.hideturtle()

5. 控制画笔

画布上的坐标以画布中心为原点，水平向右及垂直向上为正方向，可以通过使用控制画笔的相关方法，在画布上实现抬笔、落笔、移动和旋转，实现绘制所需的图形。控制画笔的常用方法如表 2-15 所示。

表 2-15　控制画笔的常用方法

方　法	说　明
forward(distance)	画笔沿当前方向向前移动 distance 像素距离
backward(distance)	画笔沿当前方向向后移动 distance 像素距离
goto(x, y)	画笔移动到指定的坐标点 (x, y)
right(angle)	画笔相对当前角度向右旋转 angle 角度
left(angle)	画笔相对当前角度向左旋转 angle 角度
setheading(angle)	水平向右方向为基准，画笔旋转 angle 角度 angle 为正值时画笔逆时针旋转，angle 为负值时画笔顺时针旋转，angle 取值范围在 (−180, 180)
pendown()	放下画笔，开始绘制图形
penup()	抬起画笔，停止绘制图形
circle(r, e)	绘制半径为 r 的圆或弧线 r 为正数时圆心在画笔左边 r 个单位；r 为负数时圆心在画笔右边 r 个单位 e 为绘制弧线的角度，省略则画圆。e 为正数时沿画笔方向画弧；e 为负数时沿画笔反方向画弧
dot(size, color)	绘制一个直径为 size 个像素，颜色为 color 的圆点
begin_fill()	开始填充图形
end_fill()	结束填充图形
speed(speed)	设置画笔的绘制速度
reset()	重置画布和画笔的状态
clear()	清除画布上的图形，但保持画笔状态不变
undo()	撤销上一次绘制操作

视频讲解

【例 2.2】在 IDLE 交互式环境下，绘制一个边长为 100 的等边三角形，线条颜色为红色，填充颜色为黄色。

代码如下所示。

```
>>> import turtle                  # 导入 turtle 模块
>>> turtle.setup(300,300)          # 创建画布
>>> turtle.pencolor('red')         # 设置画笔颜色
>>> turtle.fillcolor("yellow")     # 设置画笔填充颜色
>>> turtle.pensize(3)              # 设置画笔的笔触宽度为 3 个像素
```

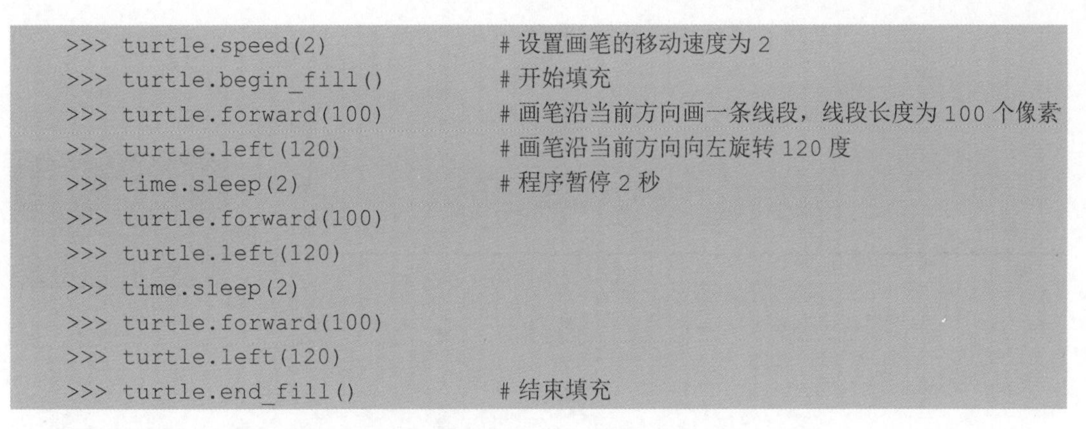

```
>>> turtle.speed(2)                 # 设置画笔的移动速度为 2
>>> turtle.begin_fill()             # 开始填充
>>> turtle.forward(100)             # 画笔沿当前方向画一条线段，线段长度为 100 个像素
>>> turtle.left(120)                # 画笔沿当前方向向左旋转 120 度
>>> time.sleep(2)                   # 程序暂停 2 秒
>>> turtle.forward(100)
>>> turtle.left(120)
>>> time.sleep(2)
>>> turtle.forward(100)
>>> turtle.left(120)
>>> turtle.end_fill()               # 结束填充
```

绘制边长为 100 的等边三角形，如图 2-6 所示。

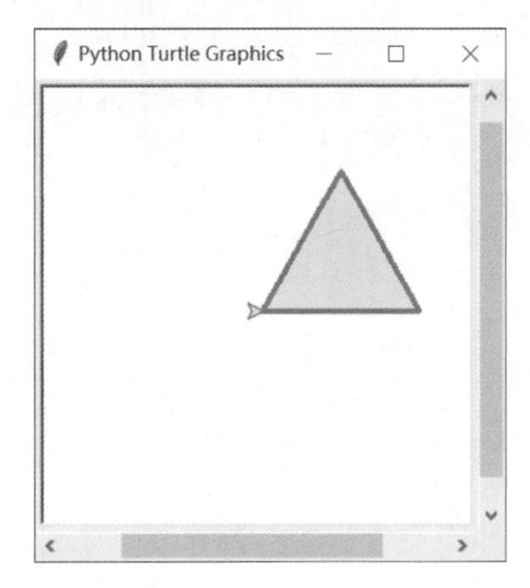

图 2-6　绘制边长为 100 的等边三角形

【例 2.3】在 IDLE 交互式环境下，绘制奥林匹克五环标志。

代码如下所示。

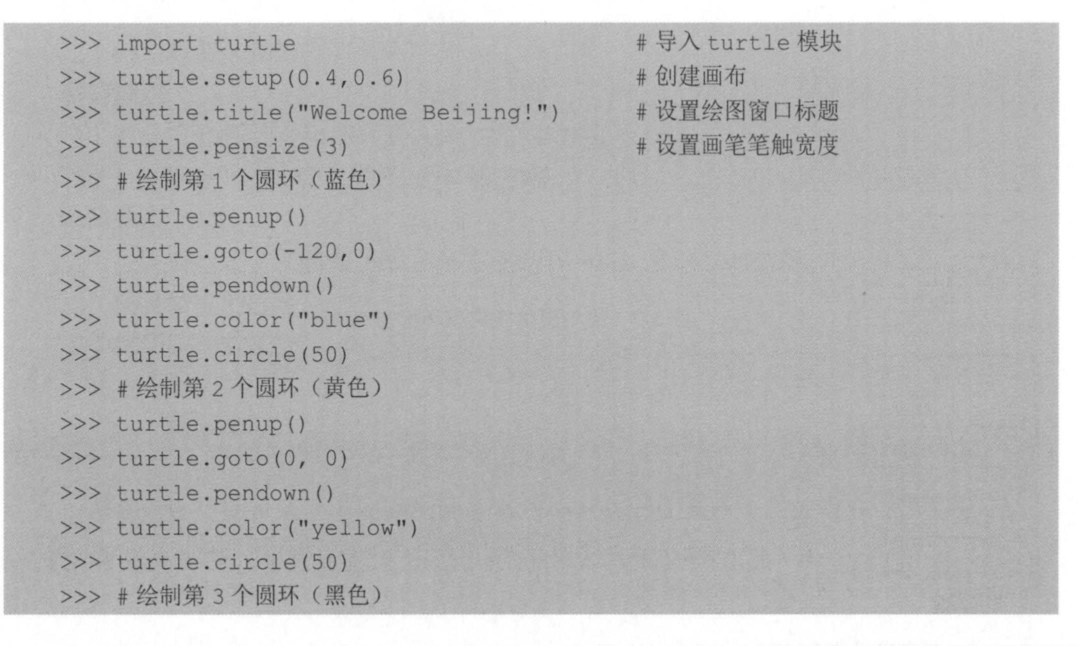

```
>>> import turtle                              # 导入 turtle 模块
>>> turtle.setup(0.4,0.6)                      # 创建画布
>>> turtle.title("Welcome Beijing!")           # 设置绘图窗口标题
>>> turtle.pensize(3)                          # 设置画笔笔触宽度
>>> # 绘制第 1 个圆环（蓝色）
>>> turtle.penup()
>>> turtle.goto(-120,0)
>>> turtle.pendown()
>>> turtle.color("blue")
>>> turtle.circle(50)
>>> # 绘制第 2 个圆环（黄色）
>>> turtle.penup()
>>> turtle.goto(0, 0)
>>> turtle.pendown()
>>> turtle.color("yellow")
>>> turtle.circle(50)
>>> # 绘制第 3 个圆环（黑色）
```

```
>>> turtle.penup()
>>> turtle.goto(120,0)
>>> turtle.pendown()
>>> turtle.color("black")
>>> turtle.circle(50)
>>> # 绘制第 4 个圆环（绿色）
>>> turtle.penup()
>>> turtle.goto(-60,-50)
>>> turtle.pendown()
>>> turtle.color("green")
>>> turtle.circle(50)
>>> # 绘制第 5 个圆环（红色）
>>> turtle.penup()
>>> turtle.goto(60,-50)
>>> turtle.pendown()
>>> turtle.color("red")
>>> turtle.circle(50)
>>> # 绘制文字
>>> turtle.penup()
>>> turtle.goto(0,-150)
>>> turtle.color("orange")
>>> turtle.write("北京欢迎你", align='center', font=('楷体', 40, 'normal'))
>>> turtle.hideturtle()          # 隐藏画笔
```

绘制奥林匹克五环标志，如图 2-7 所示。

图 2-7　绘制奥林匹克五环标志

小结

本章介绍了数据类型、内置函数、标识符和关键字的使用、变量的声明与赋值、运算符的使用规则等。此外，本章还介绍了如何导入和使用 Python 的内置模块，如 math 模块、random 模块、time 模块和 turtle 模块。

【思政元素融入】

通过学习 Python 语言的基本特性、数据类型、运算符、内置函数和模块的使用，培养学生严谨的编程习惯和工匠精神。在实例学习过程中，培养学生发现问题、解决问题的能力和将程序设计方法融入实际工作学习中的实践能力，体现了教育与实践相结合的教学理念。

习题

一、选择题

1. 下列选项中，关于 Python 标识符命名规则说明正确的是（　　）。
   A. 标识符的字符可以是字母、数字或下画线
   B. 标识符可以由数字开头
   C. 关键字可以作为标识符使用
   D. 标识符不区分大小写
2. 下列选项中，属于 Python 关键字的是（　　）。
   A. For　　B. delete　　C. if　　D. true
3. 下列选项中，合法的变量名是（　　）。
   A. _test1　　B. Ver1.2　　C. return　　D. 211stu
4. 下列选项中，正确的赋值语句是（　　）。
   A. x：y=2：2　　B. x=y=2　　C. x=2，y=2　　D. x=2，y=x
5. 下列选项中，不属于 Python 基本数据类型的是（　　）。
   A. int　　B. bool　　C. array　　D. set
6. 下列选项中，关于 Python 字符串的描述正确的是（　　）。
   A. Python 中的字符串是可变对象
   B. print('I\'m "OK"') 输出结果是 I’m OK
   C. 表达式 'abc' > 'abC' 运算结果是 False
   D. 使用三引号创建的字符串可以跨越多行
7. 下列选项中，关于 Python 内置数据类型描述正确的是（　　）。
   A. 字符串类型、列表类型和元组类型都是不可变对象类型
   B. 字典的键（key）必须是不可变的数据类型
   C. 赋值语句 L1 = [a, b] 可以创建列表变量 L1，其中每个元素都是字符串
   D. 赋值语句 t2 = (8) 可以创建元组变量 t2，其中有 1 个整数型元素
8. 下列选项中，表达式运算结果与其他选项不同的是（　　）。
   A. 2 ** 2　　B. 2 * 2.0　　C. −9 // −2　　D. −9 % −5
9. 设 a=2，b=3，表达式 a > True and a < b 的值是（　　）。
   A. True　　B. False　　C. true　　D. false
10. 表达式 sum((2, 3, 4)) 的运算结果是（　　）。
   A. 234　　B. (2, 3, 4)　　C. 9　　D. 24

11. 下列选项中，不能计算 3 的 4 次幂的表达式是（　　）。

A. 3 * 3 * 3 * 3　　B. 3 ** 4　　C. pow(3, 4)　　D. pow(4, 3)

12. 创建一个包含 2~10 的偶数列表对象，下列选项能够创建该对象的表达式是（　　）。

A. list(range(2, 10, 2))　　B. list(range(0, 10, 2))

C. list(range(2, 12, 2))　　D. list(range(0, 12, 2))

13. 函数 all(["Monday", 2, 0]) 的运算结果是（　　）。

A. None　　B. True　　C. False　　D. 0

二、填空题

1. 将数学表达式 $-3x+2^4 \geqslant (x+7) \div 5$ 改写为 Python 表达式 ____________________。

2. 函数 eval("3 + 2") 的运算结果是 ____________________。

3. 表达式 2 ** 4 − 15 // 2 + 10 % 3 * 7 的运算结果是 ____________________。

4. 假设已导入 math 模块，计算 265 的平方根的语句是 ____________________。

5. 假设已导入 random 模块，在 1～20 的范围内生成随机整数的语句是 ____________________。

6. turtle.dot(50, "red") 在绘图区完成的功能是 ____________________。

7. time.sleep(5) 在程序执行过程中完成的功能是 ____________________。

三、编程题

1. 已知 x = 2，y = 7，在 IDLE Shell 开发环境下计算下列数学表达式的值。

① $|x^y - y^x|$

② $\dfrac{-x+\sqrt{x^2-4y}}{2y}$

③ $x\cos\dfrac{\pi x}{2} + y\sin\dfrac{\pi y}{2}$

④ $\dfrac{x^3}{3!} + \dfrac{y^5}{5!}$

2. 在 IDLE Shell 开发环境下完成以下任务。

① 生成 1～20 的奇数列表。

② 将①中的列表转换为元组类型。

③ 计算②的元组中元素的和。

④ 计算②的元组中元素的个数。

⑤ 在画布中心绘制线条为红色的正方形，其边长是大于或等于 50 且小于或等于 100 的随机整数。

第3章 数据的输入与输出

CHAPTER 3

数据的输入与输出是程序与用户交互的主要方式。用户通过输入设备向程序提供数据和信息的行为称为输入；程序将信息或运行结果输出到输出设备的行为称为输出。在Python中，输入与输出操作通过一系列内置函数得以实现，这些函数为开发者提供了便捷且灵活的交互方法。input()函数和print()函数是Python语言中使用较为广泛的输入/输出内置函数。开发者应注意，Python代码中必须使用英文标点符号，这是因为Python的语法规定和大多数编程语言一样，使用英文标点符号。

尽管Python默认采用ASCII码，目前主流的计算机操作系统多采用汉字国标扩展码（Chinese Character GB Extended Code，GBK）或UTF-8编码，这些编码均基于英文字符集设计，不能识别中文标点符号。为降低中文母语者学习编程的语言门槛，促进编程教育普及和本地化应用，开发支持中文的编程工具和资源是有益的。正如我国完全自主研发的天宫空间站在操作面板上全部采用中文一样，未来随着中国人自主设计中文操作系统，编译器和编程语言的发展，中文和中文标点符号在编程中的使用将更加普及。

学习目标

（1）理解程序中数据输入与输出的概念。

（2）熟练掌握input()函数和print()函数的使用方法。

学习重点

（1）学习并掌握input()函数的实际应用。

（2）学习并掌握print()函数多种格式的实际应用。

学习难点

print()函数和format()方法均支持多参数输入，参数可涵盖输出内容、分隔符、结束符等，可用于格式化输出，需要熟练掌握print()函数和format()方法的用法。

3.1 输入函数input()

视频讲解

开发人员利用input()函数可通过键盘获取输入数据，输入的数据类型可以是字符串、整数或浮点数等类型。当程序执行到input()函数时将暂停运行，等待用户完成输入操作。用户输入的数据以字符串类型保存在指定的变量中；当输入的数据需要按照数值类型处理时，可以通过int()函数将字符串类型转换为整数型，或者通过float()函数将字符串类型转换为浮点型，或者通过 eval() 函数将字符串解析为数学表达式并返回其计算结果。

1. input() 函数的基本格式

基本语法格式如下所示。

```
input([ 提示信息 ])
```

其中，[提示信息] 是可选项，圆括号 () 不能省略，出现的提示信息要使用一对单引号（''），或者一对双引号（""），或者一对三引号（''' '''）作为定界符，input() 函数的返回值是字符串。示例代码如下所示。

```
>>> x = input('请输入第一个数：')
请输入第一个数：5
>>> y = input('请输入第二个数：')
请输入第二个数：8
>>> x + y                # 使用 "+" 运算符实现两个字符串的连接，得到一个新的字符串
'58'
>>> x = int(input('请输入第一个数：'))
请输入第一个数：5
>>> y = int(input('请输入第二个数：'))
请输入第二个数：8
>>> x + y
13
>>> x = input('请输入一个表达式 :')
请输入一个表达式 :5+8
>>> x
'5+8'
>>> x = eval(input('请输入一个表达式 :'))
请输入一个表达式 :5+8
>>> x
13
```

视频讲解

2. input() 函数的扩展格式

基本语法格式如下所示。

```
input([ 提示信息 ]).split([ 分隔字符 ])
```

其中，split() 的参数如果为空，则默认输入时使用空格作为输入字符串的分隔符，示例代码如下所示。

```
>>> a,b,c = input("请输入 3 个数：").split()      # 使用空格作为输入数据的分隔符
请输入 3 个数：3 4 5
>>> a,b,c = input("请输入 3 个数：").split('-')  # 使用 '-' 作为输入数据的分隔符
请输入 3 个数：1-2-3
>>> a,b,c = input("请输入 3 个数：").split('*')  # 使用 '*' 作为输入数据的分隔符
请输入 3 个数：3*6*9
```

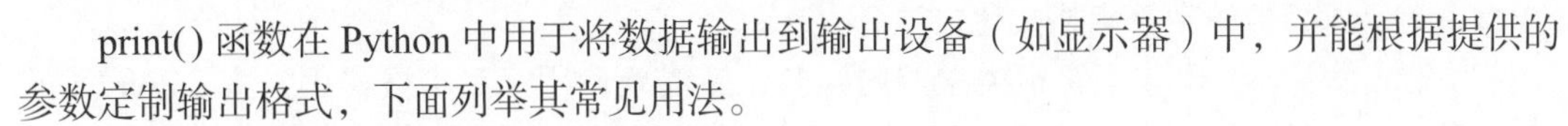

3.2　输出函数 print()

print() 函数在 Python 中用于将数据输出到输出设备（如显示器）中，并能根据提供的参数定制输出格式，下面列举其常见用法。

视频讲解

1. print() 函数的基本格式

print() 函数在输出提示信息时需要使用一对单引号（''），或者一对双引号（""），或者一对三引号（""""）作为定界符，示例代码如下所示。

```
>>> print('伟大祖国')
伟大祖国
>>> print("美好未来")
美好未来
```

使用 print() 函数输出多个字符串时，可以用逗号进行分隔，各字符串将在输出中以空格分隔，示例代码如下所示。

```
>>> print('勤劳', '勇敢', '智慧')
勤劳 勇敢 智慧
```

print() 函数也可以用加号连接字符串，输出时字符串前后紧密相连。示例代码如下所示。

```
>>> print('爱国' + '敬业' + '诚信' + '友善')
爱国敬业诚信友善
```

print() 函数在输出数值类型数据时不加定界符，该函数也可用来进行数值之间的算术运算。示例代码如下所示。

```
>>> print(10)
10
>>> print(20 + 30)
50
```

2. print() 函数的扩充格式

基本语法格式如下所示。

```
print(<多个参数>, sep = ' ', end = '\n')
```

其中，<多个参数>表示允许一次性输出多个数据对象，当输出多个对象时，各对象之间应以逗号作为分隔符。参数 sep 指定多个对象之间的分隔符，其默认值是单个空格。参数 end 用以定义输出序列的结束标记，其默认值是换行符 \n，也可根据需要替换成其他字符。示例代码如下所示。

```
>>> print('未来可期', end = '#')
未来可期#
>>> print('惟愿', '山河锦绣','国泰民安', sep = '@')
```

```
惟愿 @ 山河锦绣 @ 国泰民安
>>> print(' 惟愿 ', ' 和顺致祥 ',' 幸福美满 ', sep = '@',end = '#')
惟愿 @ 和顺致祥 @ 幸福美满 #
```

3. print() 函数的字符串格式化方法

当开发者需要输出非字符串类型的内容时，就需要使用字符串格式化方法。Python 的字符串格式化有多种方法，其中一种方法是在 print() 函数中将 % 作为占位符指定数据或变量在字符串中的插入位置，并结合格式字符定制输出结果。Python 提供了多种格式字符，方便在输出字符串时插入不同类型的变量。常用的格式字符及其说明如表 3-1 所示。

视频讲解

表 3-1　常用的格式字符及其说明

格式字符	说　明
%c	单个字符
%s	字符串
%f 或 %F	浮点数
%e	指数（底数写 e）
%E	指数（底数写 E）
%d 或 %i	十进制整数
%b	二进制整数
%o	八进制整数
%x	十六进制整数
%g	指数（e）或浮点数（根据显示长度）
%G	指数（E）或浮点数（根据显示长度）
%%	字符 %

表 3-1 中的格式字符需要将占位符 % 作为前缀，后面跟上表示数据类型的格式字符。插入对象放在字符串后面紧跟的 %() 内，插入多个对象时需用逗号分隔，插入单个对象时圆括号可以省略。示例代码如下所示。

```
>>> PI = 3.1415926
>>> print("%e %e" % (PI, 1.414))      # 格式化方法输出常量或变量
3.141593e+00 1.414000e+00
>>> print("%f" % PI)                  # 插入单个对象时可以省略圆括号
3.141593
```

下面对常用的字符串格式用法进行举例说明。

视频讲解

1）输出字符串

使用 %s 格式字符来输出字符串，示例代码如下所示。

```
>>> name = " 团结 "
>>> print(" 民族 %s ！ " % name)
民族团结！
```

2）输出整数

使用 %d 格式字符来输出整数，示例代码如下所示。

```
>>> age = 18
>>> print("你的年龄是 %d 岁。" % age)
你的年龄是 18 岁。
```

3）输出浮点数

当输出浮点数时，则可以使用 %f 格式字符，示例代码如下所示。

```
>>> PI = 3.1415926
>>> print("圆周率的值是 %f " % PI)
圆周率的值是 3.141593
```

4）指定浮点数的输出精度

当需要指定浮点数的输出精度时，可以使用 %.nf 格式字符，其中 n 为要保留的小数位数。也可使用 %.*f 格式字符，此时浮点数的精度将由后续的参数指定，保留精度采用四舍五入的方法。示例代码如下所示。

```
>>> PI = 3.1415926
>>> print("圆周率的值是 %.2f " % PI)
圆周率的值是 3.14
>>> print("PI=%.*f" % (3, PI))          # 保留 3 位小数
PI=3.142
```

5）指定最小字符宽度

视频讲解

若需要设定浮点数输出时的总字符宽度，应使用 %m.nf 格式字符，其中 m 为最小字符宽度位数，n 为输出精度。若输出的位数小于 m 设定的最小宽度，系统将在字符串左侧填充空格以补全；若输出位数大于 m 设定的最小宽度，则直接输出实际结果。也可使用 %*.nf 格式字符，此时浮点数的最小字符宽度将由后续的参数指定。需特别指出，在计算字符宽度时，小数点也占一位。示例代码如下所示。

```
>>> PI = 3.141592653
>>> print('%10.3f' % PI)    # 实际输出字符数为 5，最小字符宽度为 10，字符串左侧以
                            # 空格补全
     3.142
>>> print('%2.3f'%PI)       # 实际输出字符数为 5，最小字符宽度为 2，输出实际字符串
3.142
>>> print("PI=%*.3f"%(10,PI))          # 最小字符宽度为 10
PI=     3.142
```

6）左右对齐

视频讲解

输出浮点数时，默认采用右对齐的方法，%-f 表示左对齐，%+f 表示在数值前要加上正负号，%0m.nf 表示若位数不够则用 0 填充，示例代码如下所示。

```
>>> PI=3.1415926
>>> print('%-10.3f' %PI)
3.142
>>> PI=3.1415926
>>> print('%+f' % PI)
```

```
+3.141593                    # 参数 f 的默认精度为 6 位小数
>>> PI=3.1415926
>>> print('%010.3f'%PI)
000003.142                   # 最小字符宽度为 10，前面的 0 表示若位数不够则用 0 进行填充
```

4. print() 函数的转义字符

转义字符以 \ 开始，如 \n 表示换行，\t 表示制表符，\r 表示回车，\f 表示换页等，其他常见的转义字符示例代码如下所示。

```
>>> print('I\'m ok.')
I'm ok.
>>> print('I\'m learning\nPython.')
I'm learning
Python.
>>> print('\\\n\\')
\
\
>>> print('\\\t\\')
\       \
>>> print(r'\\\t\\')      # 允许用 r'' 表示内部的字符串默认不转义
\\\t\\
```

视频讲解

5. print() 函数的 f-string 格式化方法

Python 3.6 及以上版本提供了 f-string 字符串格式化方法，这种新的字符串格式化方法使得字符串的格式化更加直观、简洁和高效。f-string 通过在字符串前加上字母 f 或 F 来标识，允许用户在字符串中嵌入表达式。

f-string 格式化方法的基本格式如下所示。

```
f " < 字符串 > { < 表达式 > } "
```

其中，{ < 表达式 > } 指定表达式在字符串的插入位置；若表达式为算术运算，则将计算结果直接填入到“{}”内。示例代码如下所示。

```
>>> n = "初心"
>>> m = "使命"
>>> print(f " 不忘{n}，牢记{m}")
不忘初心，牢记使命
>>> d= {"n":"力量","m":"家园"}
>>> print(f" 磅礴{d['n']}，建设{d['m']}")
 磅礴力量，建设家园
>>> PI = 3.1415926
>>> print(f"pi = {PI:.2f}")     #f-string 中可使用格式字符
pi = 3.14
>>> print(f"2pi = {2*PI}")      #f-string 中可嵌入算术运算
2pi = 6.2831852
>>> print(f"2pi = {2*PI:.2f}")
2pi = 6.28
```

6. format() 方法

format() 方法也可实现字符串格式化，该方法通过在字符串中使用花括号（{}）作为占位符来指定参数的插入位置，语法更加灵活。format() 方法可以直接被调用，也可以和 print() 函数结合使用，format() 方法可以将参数按索引编号填充到字符串中，也可以在不输入索引编号的情况下按参数出现的默认顺序来填充，并且同一个参数可以填充多次，这是其他格式不具备的优势。需特别指出，索引编号从 0 开始。示例代码如下所示。

```
>>> print("{} {}".format("华夏文明","源远流长")) # 不设置指定位置，按默认顺序
'华夏文明 源远流长'
>>> print("{0} {1}".format("斗转星移", "岁月沧桑"))        # 设置指定位置
'斗转星移 岁月沧桑'
>>> print("{1} {0} {0}".format("还看今朝", "盛世中国") )  # 设置指定位置
'盛世中国 还看今朝 还看今朝'
```

在 format() 方法的 {} 中支持多种格式化选项，通过不同的格式化组合可以精准地控制输出格式，这些格式化选项的基本结构和说明如下。

```
'{key : fill| align| sign| width| precision| type}'.format()
```

（1）key 指定了 format() 方法调用参数的索引编号。需特别指出，索引编号从 0 开始，否则运行时系统会报错。示例代码如下所示。

```
>>> '{0} {1}'.format('祖国','伟大')
'祖国伟大'
>>> '{1} {0}'.format('祖国','伟大')
'伟大祖国'
>>> '{1} {2}'.format('祖国','伟大')          # 索引编号未从 0 开始，系统报错
IndexError: Replacement index 2 out of range for positional args tuple
```

（2）fill 参数用于指定填充符，被省略时默认值为空格。这个参数在实际应用中较少使用。在某些需要数字格式化输出的场景下，会使用该参数设置逗号来分隔数字。按照国际惯例，每 3 位数字用一个逗号进行分隔。示例代码如下所示。

```
>>> print('{:,}'.format(123456789))
123,456,789
```

（3）align 参数用于格式化文本的对齐方式。align 参数提供 3 种对齐方式：“>”表示右对齐，“<”表示左对齐，“^”表示居中对齐。示例代码如下所示。

```
>>> print('{:*<20}'.format('左对齐'))        # 参数 20 表示字符串输出总宽度
左对齐*****************
>>> print('{:*>20}'.format('右对齐'))
*****************右对齐
>>> print('{:*^20}'.format('居中'))
*********居中*********
```

（4）sign 参数用于指定是否保留正负号，仅对 format() 中的数值起作用。“+”表示保留正号；“-”表示仅保留负号；空格表示正数留空，负数保留负号。示例代码如下所示。

```
print('{0:+} {0:-} {0:}'.format(123))
print('{0:+} {0:-} {0:}'.format(-123))
```

运行结果如下所示。

```
+123 123 123
-123 -123 -123
```

（5）width 参数用于控制输出的长度。当设定的 width 参数小于 format 中调用值的宽度时，width 参数不生效；反之，会用空格（默认）或指定字符进行填补。例如，如果想要用 0 进行填补，需要在 width 前面添加 0。示例代码如下所示。

```
print('{0:2},{0:5},{0:05}'.format(123))
print('{0:<05},{0:>05},{0:^05}'.format(123))
print('{0:^05},{1:^05}'.format(123,1234))
```

运行结果如下所示。

```
123,  123,00123
12300,00123,01230
01230,12340
```

（6）precision 参数用数字“f”表示数据的精确度，即小数点后的保留位数；如果不加“f”，则表示保留有效数字位数。示例代码如下所示。

```
print('{0:.2f},{0:.7f},{0:.2} '.format(123.456789))
```

运行结果如下所示。

```
123.46,123.4567890,1.2e+02
```

（7）type 参数用于指定数据的格式类型。typc 参数支持多种数据类型，常用的参数类型及说明如表 3-2 所示。

表 3-2　常用的参数类型及说明

参数类型	说　明
b	以二进制格式输出
c	将整数转换成对应的 Unicode 字符
d	以十进制输出（默认选项）
o	以八进制输出
x 或 X	以十六进制小写或大写输出
e 或 E	指数标记；使用科学记数法输出，用 e 或 E 来表示指数部分，默认精度为 6
f 或 F	以定点形式输出数值，默认精度为 6
g	对于给定的精度 p≥1，取数值的 p 位有效数字，并以定点或科学记数法输出（默认选项）
G	与 g 相同，当数值过大时使用 E 来表示指数部分
n	与 g 相同，但使用当前环境的分隔符来分隔每 3 位数字
#	以二进制、八进制、十六进制等输出时，加上对应的前导符号
%	百分比标记；使用百分比的形式输出数值，同时设定 f 标记

各参数的使用示例代码如下所示。

```
print("{0:b},{0:c},{0:d},{0:o},{0:x},{0:X}".format(65))
print("{0:b},{0:c},{0:#d},{0:#o},{0:#x},{0:#X},{0:.2%}".format(65))
```

运行结果如下所示。

```
1000001,A,65,101,41,41
1000001,A,65,0o101,0x41,0X41,6500.00%
```

【例 3.1】编写程序，模拟简单的人机对话。

示例代码如下所示。

```
xm=input("爱华：我是机器人爱华，请问您的姓名是？    ")
print("爱华："+xm+"您好！") #等价输出方法 print("爱华：{}您好！".format(xm))
wt=input("爱华：您想问什么？    ")
print("爱华：社会主义核心价值观")
print("        富强、民主、文明、和谐")
print("        自由、平等、公正、法治")
print("        爱国、敬业、诚信、友善")
```

运行结果如下所示。

```
爱华：我是机器人爱华，请问您的姓名是？    小敏
爱华：小敏您好！
爱华：您想问什么？    社会主义核心价值观
爱华：社会主义核心价值观
        富强、民主、文明、和谐
        自由、平等、公正、法治
        爱国、敬业、诚信、友善
```

【例 3.2】编写程序，从键盘输入一个小写字母，输出对应的大写字母。

视频讲解

示例代码如下所示。

```
a=input("请输入一个小写字母：")
print("%c 的大写字母是 "%a, a.upper())
# 内置的 upper() 函数可将字符串中的所有字母转换为大写字母
```

运行结果如下所示。

```
请输入一个小写字母：g
g 的大写字母是 G
```

【例 3.3】编写程序，从键盘输入半径，输出圆的面积并保留两位小数。

示例代码如下所示。

```
r=eval(input("请输入一个圆的半径："))
print("圆的面积是 %.2f"%(3.14*r*r))
```

运行结果如下所示。

```
请输入一个圆的半径：6.5
圆的面积是132.66
```

【例 3.4】编写程序，模拟一个简单的计算器小程序，计算并输出任意两个数的和、差、积、商。

示例代码如下所示。

```
print("欢迎使用北斗计算器！")
x=eval(input("请输入第一个数："))
y=eval(input("请输入第二个数："))
print("%.2f+%.2f=%.2f"%(x,y,x+y))
print("%.2f-%.2f=%.2f"%(x,y,x-y))
print("%.2f*%.2f=%.2f"%(x,y,x*y))
print("%.2f/%.2f=%.2f"%(x,y,x/y))
```

运行结果如下所示。

```
欢迎使用北斗计算器!
请输入第一个数：25.6
请输入第二个数：39
25.60+39.00=64.60
25.60-39.00=-13.40
25.60*39.00=998.40
25.60/39.00=0.66
```

视频讲解

【例 3.5】编写程序，从键盘输入任意一个三位数，将它逆序输出，如输入 123 后输出 321。

示例代码如下所示。

```
x=int(input("请输入一个三位数："))
a=x//100                           # 三位数的百位数
b=(x//10)%10                       # 三位数的十位数
c=x%10                             # 三位数的个位数
y=c*100+b*10+a                     # 计算三位数的逆序
print("%d的逆序是%d"%(x,y))
```

运行结果如下所示。

```
请输入一个三位数：123
123的逆序是321
```

小结

本章详细阐述了数据的输入与输出函数，不同数据类型对输入数据和输出结果的具体影响，并对 input() 函数和 print() 函数的各种使用方法进行了深入讲解。

【思政元素融入】

本章强调了理解输入信息的重要性，以及清晰表达输出内容的必要性，这一过程不仅凸显了有效交互在信息处理中的核心地位，也有助于锻炼学生在实际生活中的沟通与表达能力。Python 中不同数据类型对输入和输出的影响，体现了对数据类型多样性的尊重。print() 函数强大的功能和丰富的字符串格式化方法，强调了注重细节和灵活应变在编程工作中的决定性作用。这些内容的学习对于培养严谨的工作作风和全面的专业素养具有积极作用。

习题

一、选择题

1. 执行语句 a = input("")，当用户输入 2 + 3 时，变量 a 的值是 ______。

A. 2　B. 3　C. 5　D. '2+3'

2. 执行语句 a = input("").split(", ")，当用户想输入 a1, b2, c3 时，以下正确的操作是 ______。

A. a1 b2 c3　B. a1*b2*c3*　C. a1, b2, c3　D. 以上都可以

3. 语句 print("%e = %f"%(674.5, 674.5)) 的运行结果是 ______。

A. 674.5 = 6.745e + 02　B. 674.500000 = 6.745000e + 02

C. 6.745000e + 02 = 674.500000　D. 674.5 = 6.745000E + 02

4. 语句 print("%08d% + 3.2f"%(1234, 1234)) 的运行结果是 ______。

A. 00001234 + 1234.00　B. 00001234 + 123.40

C. 1234.00 + 00001234　D. 1234.00 + 0001234

5. 语句 str1 = "good good study", print("%3.4s%5.4s"%(str1, str1)) 的运行结果是 ______。

A. goo goo　B. goo good　C. good goo　D. good good

6. 语句 print("{2}{1}、{0}、{3}".format(' 张三 ', 89, ' 李四 ', 98)) 的运行结果是 ______。

A. 李四 98、89、98　B. 张三 98、89、98

C. 张三 89、李四、98　D. 李四 89、张三、98

7. 语句 print("{} = 0x{:04o} = 0o{:04x}".format(15, 15, 15)) 的运行结果是 ______。

A. 15 = 0o0017 = 0x000f　B. 15 = 0x0017 = 0o000f

C. 15 = 0o17 = 0xf　D. 15 = 0o15 = 0x15

8. 语句 print("{:&>6d}".format(89)) 的运行结果是 ______。

A. 89&&&&　B. &&&&89　C. >>>>89　D. 89 >>>>

9. 语句 print("{:0^6d}".format(89)) 的运行结果是 ______。

A. 008900　B. 800009　C. 000089　D. 890000

10. 语句 print("{:<6}，{:,d} 元 ".format(" 笔记本 ", 89)) 的运行结果是 ______。

A. &&& 笔记本，89 元　B. 笔记本 &&&，89 元

C. 笔记本，89 元　D. 笔记本，89 元

二、填空题

1. 语句 print(1, 2, 3, sep = "*") 的运行结果是 ______。

2. 语句 print(4, 5, 6, sep = "/", end = " + ") 的运行结果是 ______。

3. 语句 print("%f + %f = "%(8, 9)) 的运行结果是 ______。

4. 语句 print("{}, {}".format(" 年龄 ", 18)) 的运行结果是 ______。

5. 语句 print("{0}, {1}".format(" 年龄 ", 18)) 的运行结果是 ______。

6. 语句 print("{1}, {0}, {1}".format(" 年龄 ", 18)) 的运行结果是 ______。

7. 语句 print("{:X}".format(16)) 的运行结果是 ______。

8. 语句 print("{:*^10}".format(' 中华民族 ')) 的运行结果是 ______。

9. 语句 print("{:-^20}".format('123456')) 的运行结果是 ______。

10. 语句 print("{:<12.5}".format("python!")) 的运行结果是 ______。

三、编程题

1. 程序运行时输入“小华”后，请写出下列语句的运行结果。

```
inta=input（" 请输入：")
stra=" 我爱祖国 "
print(inta,stra)
lista=[1,2," 团结 ",3,4]
print(lista)
print(" 少年强 "," 则国强 ",sep="")
print(" 少年强 "," 则国强 ",sep=",")
print(" 少年强 "," 则国强 ",sep="_-_")
print(" 少年富 ",end="")
print(" 则国富 ")
```

2. 从键盘输入一个大写字母，输出它的小写字母。

3. 从键盘输入球体的半径，输出球体的表面积和体积。

4. 从键盘输入 3 个字符串，输出它们并以 * 来分隔字符串。

5. 从键盘输入 3 个整数，输出它们的和及平均值。平均值要求保留两位小数。

6. 从键盘输入一个十进制整数，输出它对应的八进制数。

第4章 程序控制结构

CHAPTER 4

程序控制结构指程序运行过程中语句的执行顺序问题。程序主要由3种基本控制结构构成：顺序结构、选择结构和循环结构。无论程序的复杂度如何，均由这些基本控制结构组合而成，且每种结构均只有一个入口和出口。顺序结构类似于三维现实世界的时间流逝，每秒每分每时按序前进，没有分叉，也不能向前或者向后跳跃，在Python中，若程序按照代码书写的先后顺序逐条执行语句，则该结构称为顺序结构。选择结构类似于人生求学道路上的决策，在适当的时间点选择进入哪所小学、中学、大学就读，在Python中，程序执行到某一条语句时可根据条件判断来选择执行不同的代码路径，这种结构称为选择结构。根据条件判断的数量，选择结构可分为单分支、双分支和多分支选择结构。循环结构类似于学习过程中对未掌握知识点的反复练习，相同方法执行多次后继续前进，在Python中，如果程序运行时，一段程序代码在一定条件下被反复执行，这种结构称为循环结构。值得注意的是，循环结构的循环次数必须是有限的，可提前设置好循环次数，或者设定可触发退出循环结构的条件，以确保程序在重复若干次后能顺利退出循环，继续执行后续语句。无法退出的循环称为“死循环”，会导致程序运行无法终止。

学习目标

（1）理解程序的3种基本控制结构。

（2）熟练掌握选择结构和循环结构。

学习重点

（1）双分支选择结构和多分支选择结构的应用。

（2）for循环语句和while循环语句的应用。

学习难点

（1）关系表达式、逻辑表达式在分支语句和while语句中的应用。

（2）选择结构的嵌套。

（3）循环结构的嵌套。

4.1 顺序结构

程序的顺序结构指的是程序按照语句顺序逐条执行各行代码，该结构没有分支路径，也没有重复路径。顺序结构的流程图如图4-1所示。

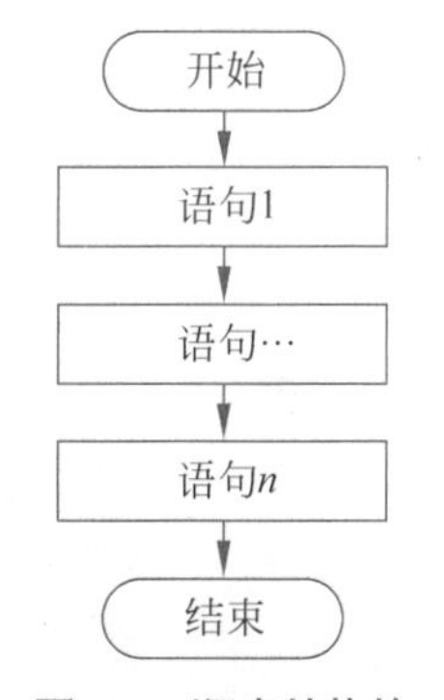

图4-1 顺序结构的流程图

视频讲解

下面的程序就是顺序结构。

```
a=input("请输入姓名：")
b=input("请输入家乡：")
print(a, b ,sep=" ")
print(a, b ,end="!")
print("{}热爱{}".format(a,b))
```

运行结果如下所示。

```
请输入姓名：小敏
请输入家乡：宁夏
小敏 宁夏
小敏 宁夏！小敏热爱宁夏
```

4.2 选择结构

选择结构是程序根据条件进行逻辑判断，从而选择不同执行路径的一种运行方式，其中可选择的路径可以为一条路径，也可以在两条路径中选择其中一条，还可以在3条及以上的路径中选择其中一条，以上情况分别称为单分支选择结构、双分支选择结构和多分支选择结构。

视频讲解

4.2.1 单分支选择结构

如果程序仅有一条路径可供选择，则称为单分支选择结构。该结构在满足条件时执行指定语句块；如果条件不满足，则跳过语句块，执行后续语句。单分支选择结构的流程图如图4-2所示。

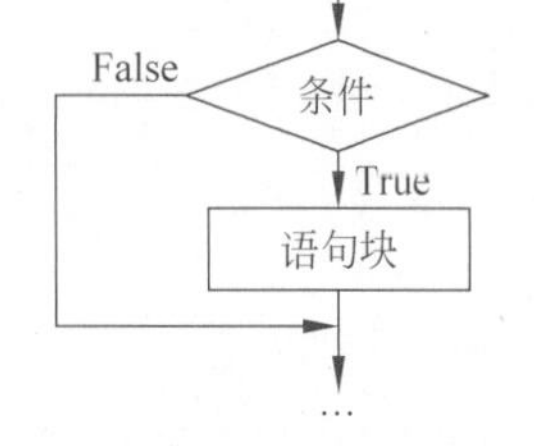

图4-2 单分支选择结构的流程图

Python的单分支选择结构使用if语句对条件进行判断，其基本语法格式如下所示。

```
if <条件> :
    语句块
```

其中，if是Python中用于实现条件判断的关键字，跟在if关键字后的是一个条件表达式，其结果为True或False，当结果为True时，执行<语句块>，否则跳过<语句块>。Python程序语言指定任何非0和非空（null）值为True，0或者null为False。条件表达式之后必须有一个冒号（:），它标志着if语句块的开始。<语句块>是在条件表达式为True时执行的一组语句。<语句块>必须进行适当的缩进，以表明其属于if语句，通常约定使用4个空格或一个制表符进行缩进。

【例4.1】编写程序，判断正负数。

示例代码如下所示。

```
a = int(input("请输入一个整数："))
if a > 0:
    print("这是一个正数。\n")
if a < 0:
```

```
    print(" 这是一个负数。\n")
if a == 0:
    print(" 这个数字是 0\n")
```

运行结果如下所示。

```
>>> 请输入一个整数：6
这是一个正数。
>>> 请输入一个整数：-9
这是一个负数。
>>> 请输入一个整数：0
这个数字是 0
```

4.2.2 双分支选择结构

如果程序在条件判断时有两条路径可供选择，则称为双分支选择结构。该结构执行时先对条件进行判断，如果条件为 True，执行指定的语句块；如果条件为 False，则执行另一个指定的语句块，即“二选一”方式。双分支选择结构的流程图如图 4-3 所示。

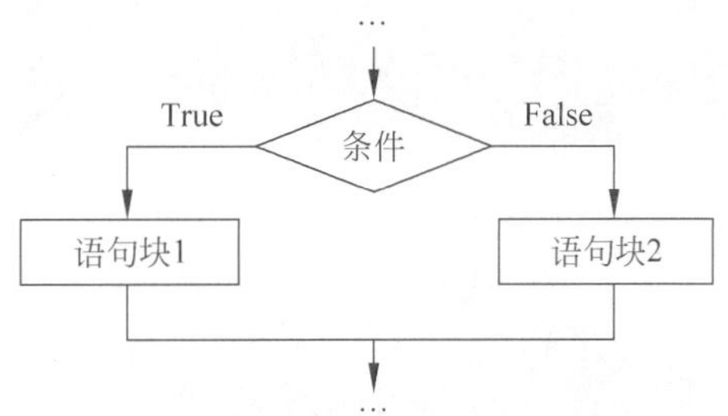

图 4-3　双分支选择结构的流程图

Python 的双分支选择结构使用 if-else 语句对条件进行判断，其基本语法格式如下所示。

```
if <条件>:
    <语句块 1>
else:
    <语句块 2>
```

其中，当 if 关键字后的 <条件> 结果为 True 时执行 <语句块 1>；反之，当 <条件> 结果为 False 时执行 <语句块 2>。即在双分支选择结构中，满足条件执行 <语句块 1>，不满足条件执行 <语句块 2>。<语句块 1> 和 <语句块 2> 必须进行适当的缩进，缩进方法与单分支选择结构部分的要求相同。

【例 4.2】编写程序，判断奇偶数。

示例代码如下所示。

```
a = int(input(" 请输入一个整数："))
if a % 2 == 0:
    print(" 这是一个偶数。\n")
else:
    print(" 这是一个奇数。\n")
```

运行结果如下所示。

```
>>> 请输入一个整数：8
这是一个偶数。
>>> 请输入一个整数：5
这是一个奇数。
```

如果判断对象是多个条件的组合，可以使用关键字 and 检查多个条件的输出是否都为 True。只有当每个条件的输出结果都为 True 时，整个表达式的结果才为 True；如果其中一个条件的输出结果为 False，则整个表达式的结果就为 False。

使用关键字 or 也能够检查多个条件的组合。其中，只要有一个条件的输出结果为 True，整个表达式的结果就为 True；若每个条件的输出结果都为 False，则整个表达式的结果就为 False。

视频讲解

【例 4.3】编写程序，输入一个年份，判断是否为闰年。闰年的条件为能被 4 整除但是不能被 100 整除，或者能够被 400 整除。

示例代码如下所示。

```
year = int(input("请输入一个年份："))
if ((year % 4 == 0 and year % 100 != 0) or year % 400 == 0):
    print("%d 年是闰年 \n" % year)
else:
    print("%d 年不是闰年 \n" % year)
```

运行结果如下所示。

```
>>> 请输入一个年份：2020
2020 年是闰年
>>> 请输入一个年份：2023
2023 年不是闰年
```

如果在选择结构的语句块 1 或者语句块 2 中包含了另一个选择结构，则称为选择结构的嵌套，在编写嵌套结构时需要注意同一级别的语句块缩进保持一致。

【例 4.4】编写程序，提示输入用户名和密码并进行判断。

示例代码如下所示。

```
name = input("请输入用户名：")
if name == "爱华":
    print("  用户名正确！ ")
    password = input("请输入密码：")
    if password == "123456":
        print("  密码正确！ ")
        print("  欢迎进入 Python 的世界！ ")
    else:
        print("  密码错误！ ")
        print("  程序结束！ ")
else:
    print("  用户名错误！ ")
    print("  程序结束！ ")
```

运行结果如下所示。

```
>>> 请输入用户名：小明
  用户名错误！
  程序结束！
```

```
>>> 请输入用户名：爱华
  用户名正确！
请输入密码：222
  密码错误！
  程序结束！
>>> 请输入用户名：爱华
  用户名正确！
请输入密码：123456
  密码正确！
  欢迎进入 Python 的世界！
```

4.2.3　多分支选择结构

视频讲解

多分支选择结构允许程序根据不同的条件执行不同的代码路径。在 Python 中，程序会逐一判断 if-elif-else 结构中的条件，寻找并执行第一个判断结果为 True 的条件对应的语句块，一旦某一条件对应的语句块执行完毕，程序将跳出整个多分支选择结构，继续执行后续代码。利用多分支选择结构编写代码时，要注意多个逻辑条件的先后关系。

Python 多分支选择结构使用 if-elif-else 语句进行判断，其基本语法格式如下所示。

```
if   <条件 1>:
     <语句块 1>
elif   <条件 2>:
     <语句块 2>
elif   <条件 3>:
     <语句块 3>
elif   <条件 4>:
     <语句块 4>
...
else:
     <语句块 n+1>
```

其中，“else:”是多分支结构的可选结束部分，它没有条件表达式。当前面的 if 和所有的 elif 条件都为假时，则执行 else 后面的 <语句块 n+1>。

多分支选择结构的流程图如图 4-4 所示。

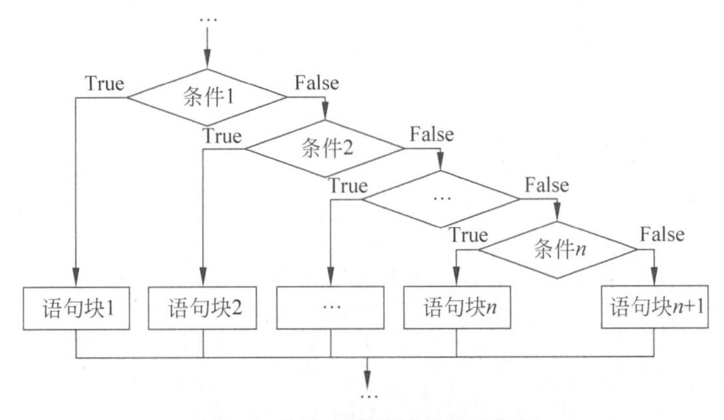

图 4-4　多分支选择结构的流程图

【例 4.5】编写程序，依据成绩给出评语。

示例代码如下所示。

```
a = int(input("请输入一个成绩："))
if a >= 90:
    print("优秀\n")
elif a >= 80:
    print("良好\n")
elif a >= 70:
    print("中等\n")
elif a >= 60:
    print("及格\n")
else:
    print("不及格\n")
```

运行结果如下所示。

```
>>> 请输入一个成绩：92
优秀
>>> 请输入一个成绩：88
良好
>>> 请输入一个成绩：75
中等
>>> 请输入一个成绩：63
及格
>>> 请输入一个成绩：56
不及格
```

【例 4.6】编写程序，模拟人机对话。

示例代码如下所示。

```
xm=input("爱华：我是机器人爱华，请问您的姓名是？    ")
print("爱华："+xm+"您好！ ")
wt=input("爱华：您想问什么？    ")
if  wt=="社会主义核心价值观":
    print("爱华：社会主义核心价值观")
    print("        富强、民主、文明、和谐")
    print("        自由、平等、公正、法治")
    print("        爱国、敬业、诚信、友善")
elif  wt=="铸牢中华民族共同体意识":
    print("爱华：引导各族人民牢固树立、")
    print("        休戚与共、荣辱与共、")
    print("        命运与共的共同体信念。")
elif  wt=="绿色发展":
    print("爱华：绿色发展是高质量发展的底色")
    print("        新质生产力本身就是绿色生产力")
    print("        在全社会大力倡导绿色健康生活方式")
```

```
    print("        绿水青山就是金山银山 ")
elif  wt=="中华优秀传统文化 ":
    print("爱华：是中华文明的智慧结晶和精华所在 ")
    print("        是中华民族的宝贵财富 ")
    print("        为我们提供了科学普及和科学素质建设的内在动力和精神支持 ")
    print("        也为我们提供了追求真理和注重实践的重要指导原则。")
elif  wt=="再见 ":
    print("爱华：今天很高兴和你聊天 ")
    print("        期待我们的下一次相遇 ")
    print("再见 "+xm +" ！ ")
else:
    print("爱华：这个问题爱华正在学习中，或许下次可以回答您。")
```

程序运行结果如下所示。

```
爱华：我是机器人爱华，请问您的姓名是？    小敏
爱华：小敏您好！
爱华：您想问什么？    中华优秀传统文化
爱华：是中华文明的智慧结晶和精华所在
      是中华民族的宝贵财富
      为我们提供了科学普及和科学素质建设的内在动力和精神支持
      也为我们提供了追求真理和注重实践的重要指导原则。
爱华：我是机器人爱华，请问您的姓名是？    小明
爱华：小明您好！
爱华：您想问什么？    铸牢中华民族共同体意识
爱华：引导各族人民牢固树立、
      休戚与共、荣辱与共、
      命运与共的共同体信念。
爱华：我是机器人爱华，请问您的姓名是？    小敏
爱华：小敏您好！
爱华：您想问什么？    绿色发展
爱华：绿色发展是高质量发展的底色
      新质生产力本身就是绿色生产力
      在全社会大力倡导绿色健康生活方式
      绿水青山就是金山银山
爱华：我是机器人爱华，请问您的姓名是？    小明
爱华：小明您好！
爱华：您想问什么？    社会主义核心价值观
爱华：社会主义核心价值观
      富强、民主、文明、和谐
      自由、平等、公正、法治
      爱国、敬业、诚信、友善
爱华：我是机器人爱华，请问您的姓名是？    小明
爱华：小明您好！
爱华：您想问什么？    科普创新与文化传承
爱华：这个问题爱华正在学习中，或许下次可以回答您。
```

视频讲解

4.3　循环结构

循环结构的功能是程序根据条件判断是否重复执行语句块。根据循环的触发条件，可分为遍历循环结构和条件循环结构。

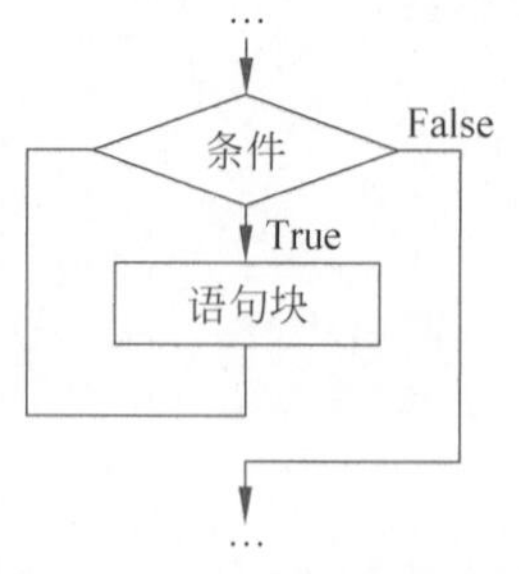

图 4-5　循环结构的流程图

遍历循环可以理解为从遍历的集合中逐一提取元素送至循环变量中，并执行一次语句块，直至集合中的元素全部提取完毕。此时遍历循环结束，程序继续执行循环结构之后的代码。

条件循环则基于条件表达式的布尔结果来控制循环的执行。如果条件为真则执行循环体内的代码块，然后再次判断条件表达式的布尔结果。如此重复，直至条件不再满足为止，此时循环终止，程序继续执行循环结构后面的代码。循环结构的流程图如图 4-5 所示。

4.3.1　遍历循环 for 语句

在 Python 中遍历循环可以使用 for 语句来实现，for 语句的循环执行次数是根据遍历结构中元素个数确定的，其基本语法格式如下所示。

```
for <循环变量> in <遍历结构>:
    <语句块>
```

遍历结构可以是字符串、文件、range() 函数或组合数据类型等。

（1）遍历结构为字符串时，可以逐一遍历字符串的每个字符，其基本语法格式如下所示。

```
for <循环变量> in <字符串变量>:
    <语句块>
```

for 循环被称为“取值循环”，循环次数取决于关键字 in 后包含的值的个数。

【例 4.7】编写程序，输出字符串中的字符。

示例代码如下所示。

```
for letter in '为人民服务':
    print("当前字符：%s" % letter)
```

运行结果如下所示。

```
当前字符：为
当前字符：人
当前字符：民
当前字符：服
当前字符：务
```

【例 4.8】编写程序，输出列表中的字符串。

示例代码如下所示。

```
a = ['我', '爱', '祖国']
for x in a:
    print(x)
```

运行结果如下所示。

```
我
爱
祖国
```

（2）当 for 语句使用 range() 函数用于遍历结构中，其基本语法格式如下所示。

```
for <循环变量> in range(<循环次数>):
    <语句块>
```

range() 函数可以生成一个整数序列，for 循环依次取出序列中的整数并送入 <语句块> 内。例如，range(6) 会生成 0、1、2、3、4、5 共 6 个数；range(10) 会生成 0、1、2、3、4、5、6、7、8、9 共 10 个数。格式 range(m, n, k) 则可以设定开始值、结束值和步长。例如，range(1, 10, 1) 会生成 1、2、3、4、5、6、7、8、9 共 9 个数；range(1, 10, 2) 会产生 1、3、5、7、9 共 5 个数。

【例 4.9】编写程序，输出 10 以内的奇数。

视频讲解

示例代码如下所示。

```
for a in range(1,10,2):
    print(a,end=" ")
```

运行结果如下所示。

```
1 3 5 7 9
```

4.3.2 条件循环 while 语句

条件循环可以使用 while 语句来实现，其基本语法格式如下所示。

```
while <条件> :
    <语句块>
```

当程序执行到 while 语句时首先判断条件表达式的值。若条件为 True，则执行循环体语句块，然后再次判断 while 语句的条件。如此循环，直至条件为 False 时，循环终止，执行 while 语句的后续代码。

【例 4.10】编写程序，输出 10 以内的奇数。

示例代码如下所示。

```
a = 1
while a < 10:
    print(a, end = " ")
    a += 2
```

运行结果如下所示。

```
1 3 5 7 9
```

【例 4.11】编写程序，使用 while 语句去除字符串前后空格。

示例代码如下所示。

```
str = '   12345   '
print("字符串前后各有 3 个空格 :", str)
print("字符串长度为 %d" % len(str))
while str[:1] == ' ': str = str[1:]
print("去掉了字符串前面的 3 个空格 :", str)
print("字符串长度为 %d" % len(str))
while str[-1:] == ' ': str = str[:-1]
print("去掉了字符串后面的 3 个空格 :", str)
print("字符串长度为 %d" % len(str))
```

运行结果如下所示。

```
字符串前后各有 3 个空格 :    12345
字符串长度为 11
去掉了字符串前面的 3 个空格 : 12345
字符串长度为 8
去掉了字符串后面的 3 个空格 : 12345
字符串长度为 5
```

【例 4.12】编写程序，实现一个简单计算器的功能。

示例代码如下所示。

```
import math
c = 0
while c != 9:
    print("\n\t*** 欢迎使用北斗计算器 ***\n")
    print("\t\t*** 1. 加法 ***")
    print("\t\t*** 2. 减法 ***")
    print("\t\t*** 3. 乘法 ***")
    print("\t\t*** 4. 除法 ***")
    print("\t\t*** 5. 求余 ***")
    print("\t\t*** 6. 乘方 ***")
    print("\t\t*** 7. 开方 ***")
    print("\t\t*** 8. 阶乘 ***")
    print("\t\t*** 9. 退出 ***")
    c = int(input("\n\t 请选择: "))
    print()
    if c == 1:
        x = eval(input("    请输入第一个数: "))
        y = eval(input("    请输入第二个数: "))
        print("\n%.2f+%.2f=%.2f" % (x, y, x + y))
    elif c == 2:
        x = eval(input("    请输入第一个数: "))
```

```
        y = eval(input("    请输入第二个数: "))
        print("%.2f-%.2f=%.2f" % (x, y, x - y))
    elif c == 3:
        x = eval(input("    请输入第一个数: "))
        y = eval(input("    请输入第二个数: "))
        print("%.2f*%.2f=%.2f" % (x, y, x * y))
    elif c == 4:
        x = eval(input("    请输入第一个数: "))
        y = eval(input("    请输入第二个数: "))
        print("\n%.2f/%.2f=%.2f" % (x, y, x / y))
    elif c == 5:
        x = int(input("    请输入第一个数: "))
        y = int(input("    请输入第二个数: "))
        print("\n%d%%%d=%d" % (x, y, x % y))
    elif c == 6:
        x = int(input("    请输入底数: "))
        y = int(input("    请输入幂: "))
        print("\n%d**%d=%d" % (x, y, x ** y))
    elif c == 7:
        x = int(input("    请输入底数: "))
        y = int(input("    请输入开几次方: "))
        print("\n%d**(1/%d)=%f" % (x, y, x ** (1 / y)))
    elif c == 8:
        x = int(input("    请输入一个数: "))
        print("\n%d ! = %d" % (x, math.factorial(x)))
    elif c == 9:
        print("\t 程序退出，欢迎您下次使用！ ")
        break
    else:
        print("\n\t 您的输入已超出范围，请重新选择！ \n")
```

运行结果如下所示。

```
*** 欢迎使用北斗计算器 ***
    *** 1. 加法 ***
    *** 2. 减法 ***
    *** 3. 乘法 ***
    *** 4. 除法 ***
    *** 5. 求余 ***
    *** 6. 乘方 ***
    *** 7. 开方 ***
    *** 8. 阶乘 ***
    *** 9. 退出 ***
 请选择: 7
   请输入底数: 5
   请输入开几次方: 3
5**(1/3)=1.709976
```

```
    请选择：8
    请输入一个数：6
6 ! = 720
    请选择：52
 您的输入已超出范围，请重新选择！
    请选择：9
 程序退出，欢迎您下次使用！
```

视频讲解

4.3.3 循环的嵌套

如果在 for 循环语句或者 while 循环语句的语句块中，包含另一个 for 循环语句或者 while 循环语句，称为循环的嵌套。在 while 循环中可以嵌套 while 循环或者 for 循环。同样地，在 for 循环中也可以嵌套 while 循环或者 for 循环。循环嵌套可以是双层嵌套，也可以是多层嵌套。

【例 4.13】编写程序，输出矩形图形，如下方所示。

```
*****
*****
*****
```

示例代码如下所示。

```
for i in range(3):
    for j in range(5):
        print("*", end='')
    print()
```

【例 4.14】编写程序，输出金字塔图形，如下方所示。

```
    *
   ***
  *****
 *******
*********
```

示例代码如下所示。

```
max = 5
for c in range(1, max + 1):
    for i in range(max - c):
        print(' ', end='')
    for j in range(2 * c - 1):
        print('*', end='')
    print()
```

【例 4.15】编写程序，输出九九乘法表。

示例代码如下所示。

```
for i in range(1, 10):
```

```
    for j in range(1, i + 1):
        print('%s*%s=%s' % (i, j, i * j), end=' ')
    print()
```

运行结果如下所示。

```
1*1=1
2*1=2 2*2=4
3*1=3 3*2=6 3*3=9
4*1=4 4*2=8 4*3=12 4*4=16
5*1=5 5*2=10 5*3=15 5*4=20 5*5=25
6*1=6 6*2=12 6*3=18 6*4=24 6*5=30 6*6=36
7*1=7 7*2=14 7*3=21 7*4=28 7*5=35 7*6=42 7*7=49
8*1=8 8*2=16 8*3=24 8*4=32 8*5=40 8*6=48 8*7=56 8*8=64
9*1=9 9*2=18 9*3=27 9*4=36 9*5=45 9*6=54 9*7=63 9*8=72 9*9=81
```

4.3.4　循环控制语句

视频讲解

在循环结构原理的基础上，Python 提供两个循环控制符 break 和 continue 用于改变循环的执行流程，其中 break 语句用于立即退出循环，continue 语句用来跳过当前循环体的剩余部分并开始下一次循环。如果有两层或多层循环，break 只结束所在层的循环，continue 只跳出当前当次循环。continue 语句和 break 语句的区别是：continue 语句只跳出本轮循环，而 break 具备结束循环结构的能力。

【例 4.16】编写程序，使用 break 退出 for 循环语句。

示例代码如下所示。

```
for letter in '人民英雄永垂不朽':
    if letter == '永':
        break
    print(letter, end="")
```

运行结果如下所示。

```
人民英雄
```

【例 4.17】编写程序，使用 break 退出 while 循环语句。

示例代码如下所示。

```
var = 10
while var > 0:
    print('当前变量值 :', var)
    var = var - 1
    if var == 5:
        break
```

运行结果如下所示。

```
当前变量值 : 10
```

```
当前变量值 : 9
当前变量值 : 8
当前变量值 : 7
当前变量值 : 6
```

【例 4.18】编写程序，模拟登录界面，允许用户输入若干次，并给出相应的提示。示例代码如下所示。

```
count = 3  # 允许输入的次数
x = 1
while (x <= count):
    name = input("请输入用户名：")
    if name == "爱华":
        print(" 用户名正确！ 您已登录 。")
        break
    else:
        if x == count:
            print(str(count) + " 次机会已用完！ ")
            print(" 程序结束！ ")
            break
        else:
            print(" 用户名错误！ ")
            print(" 你还有 " + str(count - x) + " 次机会！ ")
            x += 1
```

运行结果如下所示。

```
请输入用户名：小敏
 用户名错误！
 你还有 2 次机会！
请输入用户名：小明
 用户名错误！
 你还有 1 次机会！
请输入用户名：小芳
 3 次机会已用完！
 程序结束！
请输入用户名：小元
 用户名错误！
 你还有 2 次机会！
请输入用户名：爱华
 用户名正确！ 您已登录。
```

【例 4.19】编写程序，在双层循环嵌套语句中使用 break。
示例代码如下所示。

```
m = 3
while m > 0:
    n = 2
```

```
    while n > 0:
        print('内层变量当前值 :', n)
        n = n - 1
        if m == 2:
            break
    print('外层变量当前值 :', m)
    m = m - 1
```

运行结果如下所示。

```
内层变量当前值 : 2
内层变量当前值 : 1
外层变量当前值 : 3
内层变量当前值 : 2
外层变量当前值 : 2
内层变量当前值 : 2
内层变量当前值 : 1
外层变量当前值 : 1
```

【**例 4.20**】编写程序，在 for 循环中使用 continue。

视频讲解

示例代码如下所示。

```
for letter in '爱我中华':
    if letter == '我':
        continue
    print('当前文字 :', letter)
```

运行结果如下所示。

```
当前文字 : 爱
当前文字 : 中
当前文字 : 华
```

【**例 4.21**】编写程序，在 while 循环中使用 continue。

示例代码如下所示。

```
var = 5
while var > 0:
    var = var - 1
    if var == 3:
        continue
    print('当前变量值 :', var)
```

运行结果如下所示。

```
当前变量值 : 4
当前变量值 : 2
当前变量值 : 1
当前变量值 : 0
```

视频讲解

【例 4.22】编写程序，绘制同心圆。
示例代码如下所示。

```
import turtle
turtle.pencolor("pink")                    # 设置画笔颜色
turtle.pensize(5)                          # 设置画笔笔触宽度
for i in range(3):                         # 设置循环次数，即圆的个数
    turtle.penup()                         # 抬起画笔
    turtle.goto(0, -50 * (i + 1))          # 画笔移动到指定坐标点
    turtle.pendown()                       # 放下画笔
    turtle.circle(50 * (i + 1))            # 绘制指定半径的圆
```

运行结果如图 4-6 所示。

视频讲解

【例 4.23】编写程序，绘制多边形迭代图形。
示例代码如下所示。

```
import turtle as t
sides = 4                                  # 图形的边数
length = 6                                 # 边长的初始值
for i in range(60):
    t.forward(length)                      # 绘制指定的边长
    t.right(360 / sides + 1)               # 画笔向右旋转
    length = length + 6                    # 改变边长的值
```

运行结果如图 4-7 所示。

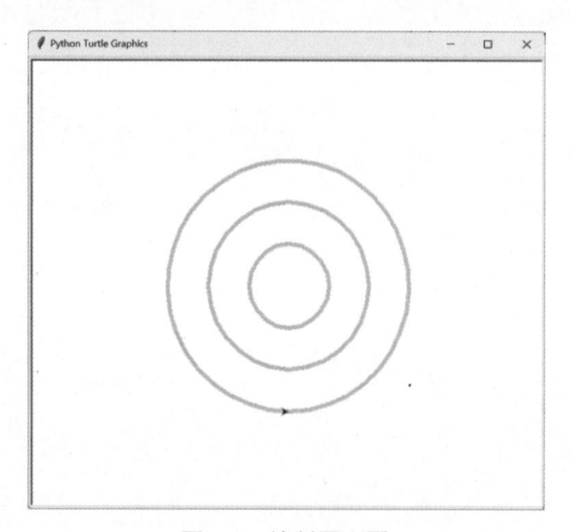

图 4-6　绘制同心圆

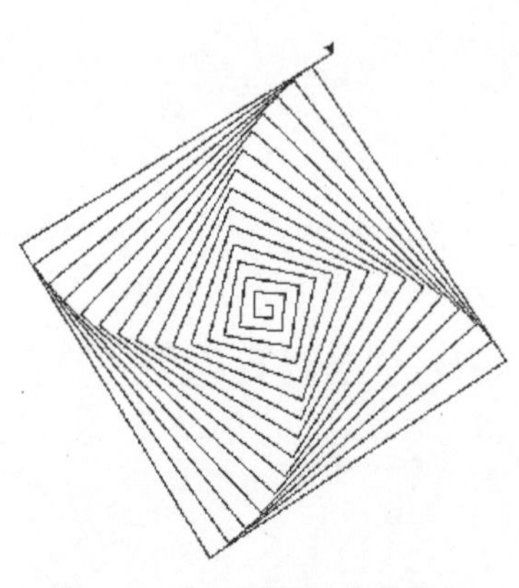
图 4-7　绘制多边形迭代图形

视频讲解

【例 4.24】编写程序，绘制花瓣图形。
示例代码如下所示。

```
import turtle as t
e = 1
d = 5   # 总花瓣数目的一半
while e <= d:
```

```
    a = 1
    b = 2
    c = 180 / b
    t.left(360 / b / d)
    while a <= b:
        t.left(c)
        t.circle(100, c)
        t.left(-c)
        t.circle(-100, -c)
        a = a + 1
    e = e + 1
```

运行结果如图 4-8 所示。

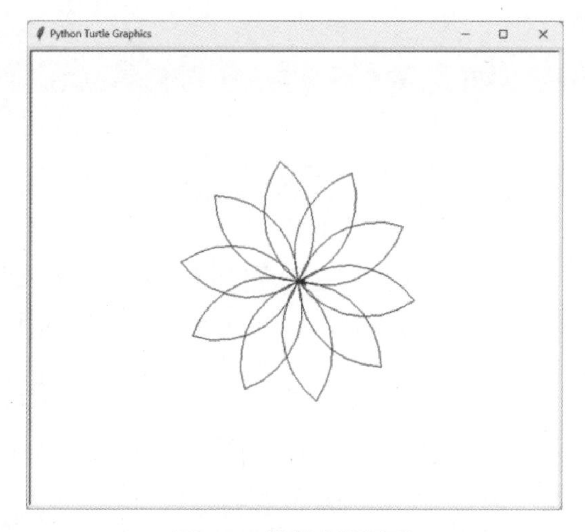

图 4-8　绘制花瓣图形

4.3.5　程序异常处理

Python 的异常处理机制能够在程序执行过程中捕获可能发生的异常情况，并根据预设的应对策略对其进行处理，从而避免程序的非正常中止。有别于传统意义上的分支结构，异常处理机制通常被视为一种独立的控制流结构，专门用于控制错误处理流程。Python 语言使用关键字 try 和 except 进行异常处理，其基本语法格式如下所示。

```
try:
    <语句块 1>
except [异常错误]:
    <语句块 2>
```

由 try 关键字引导的 <语句块 1> 是可能引发异常的代码。当程序执行到此段代码时若发生了指定的 [异常错误] 时则执行 except 关键字后面的 <语句块 2>；若未发生该异常，程序将跳过 except 的 <语句块 2>。try 语句至少与一个 except 语句搭配使用。

【**例 4.25**】编写程序，处理程序异常。

示例代码如下所示。

```
s = "团结"
try:
    int(s)
except IndexError as e:   # 指定的偏移量超过了字符串的长度
    print(e)
except KeyError as e:     # 在使用字典或其他映射类型时，试图获取不存在的键值
    print(e)
except ValueError as e:   # 传递了一个无效的值或参数给一个函数
    print(e)
except Exception as e:
    # 程序在运行过程中可能发生的错误，如除零错误、文件不存在错误、输入输出错误等
    print(e)
```

运行结果如下所示。

```
invalid literal for int() with base 10: '团结'
```

小结

本章介绍了程序的 3 种基本控制结构：顺序结构、选择结构及循环结构。本章重点是选择结构的单分支、双分支和多分支选择结构，以及循环的 2 种结构；难点是选择结构的嵌套和循环结构的嵌套。

【思政元素融入】

选择不同分支的选择结构需要面对实际问题做出明智选择，这能够提升学生的决策能力。嵌套结构的选择需要考虑各种情况并理清逻辑关系，能够提升学生的理解能力。循环结构的选择需要重复执行相同的任务操作，能够提升学生的耐心。这些内涵有利于学生综合素质的培养。

习题

一、选择题

1. 以下关于选择结构的描述中，错误的是 ______。

   A. 双分支选择结构有一种紧凑形式，使用关键字 if 和 elif 实现

   B. if 语句中条件部分可以使用任何能够产生 True 和 False 的语句和函数

   C. if 语句中语句块执行与否依赖于条件判断

   D. 多分支结构用于设置多个判断条件以及对应的多条执行路径

2. 关于 Python 缩进的描述，错误的是 ______。

   A. Python 通过强制缩进来体现语句间的逻辑关系

   B. Python 缩进在单个结构体语句（如某个循环体）中必须一致

   C. Python 的分支、循环、函数可以通过缩进包含多行代码

   D. Python 使用缩进表示代码块，缩进必须固定采用 4 个空格

3. 以下关于 Python 循环结构的描述中，错误的是 ______。

A. while 循环使用 break 关键字能够跳出所在层循环体

B. while 循环可以使用关键字 break 和 continue

C. while 循环也叫遍历循环，用来遍历序列类型中元素，默认提取每个元素并执行一次循环体

D. while 循环使用 pass 语句，则什么事也不做，只是空的占位语句

4. 当用户输入 apple, banana, bear 时，以下代码的运行结果是 ______。

```
a=input("").split(",")
x=0
while x<len(a):
    print(a[x],end="&")
    x=x+1
```

A. apple&banana&bear　　B. apple&banana&bear&

C. apple, banana, bear　　D. 执行出错

5. 运行以下程序，输入 ab，然后按 Enter 键，结果是 ______。

```
k = 10
while True:
   s = input('请输入 q 退出：')
   if  s = = 'a':
      k += 1
      continue
   else:
      k += 2
      break
print(k)
```

A. 13　　B. 请输入 q 退出：

C. 12　　D. 10

6. 在 Python 语言中，使用 for···in··· 方式形成的循环不能遍历的类型是 ______。

A. 字典　　B. 列表

C. 浮点数　　D. 字符串

7. 以下程序的运行结果是 ______。

```
s=2
for i in range(1, 10):
  s += i
print(s)
```

A. 45　　B. 47　　C. 57　　D. 55

8. 以下程序的运行结果是 ______。

```
for i in range(1,6):
  if  i%4 == 0:
    break
```

```
  else:
    print(i,end =",")
```

A. 1, 2, 3, 5,　　B. 1, 2, 3, 4,

C. 1, 2, 3,　　D. 1, 2, 3, 5, 6

9. 以下程序的运行结果是 ______。

```
letter = ['a','b','c']
for x in letter:
  print(x,end="")
```

A. a　　B. abc　　C. abcabc　　D. abcabcabc

10. 以下程序的运行结果是 ______。

```
for a in range(1,3,1):
  print(a,end="")
```

A. 1　　B. 12　　C. 123　　D. 1234

11. 以下程序的运行结果是 ______。

```
for i in "Nation":
  for k in range(2):
    if i == 'n':
      break
print(i, end="")
```

A. aattiioo　　B. n　　C. Naattiioon　　D. nn

12. 以下程序的运行结果是 ______。

```
a = [[1,2,3], [4,5,6], [7,8,9]]
s = 0
for c in a:
   for j in range(3):
     s += c[j]
print(s)
```

A. 6　　B. 0　　C. 24　　D. 45

13. 以下程序的运行结果是 ______。

```
ls = []
for m in 'AB':
  for n in 'CD':
     ls.append(m+n)
print(ls)
```

A. ABCD　　B. AABBCCDD

C. ACADBCBD　　D. ['AC', 'AD', 'BC', 'BD']

二、填空题

1. Python 的多分支选择结构中可以包含多个 ________ 语句。

2. Python 中，结束当次循环但不退出整个循环的语句是 ________，退出整个循环的

语句是 ________。

3. 在 while 语句的表达式中，0 代表 False，______ 代表 True。

4. 语句 for i in range(8, 2, −2): print(i) 的运行结果为 ______。

5. 语句 for i in range(20, 1, −3) 循环次数为 ______。

6. 以下程序的运行结果是 ______。

```
a = [3, 2, 1]
for i in a[::-1]:
  print(i, end=' ')
```

7. 以下程序的运行结果是 ______。

```
for i in range(1,10,2):
  print("book")
  break
else:
  print(i)
```

8. 以下程序的运行结果是 ______。

```
for  i  in  "123":
  for  j  in  range(3):
    print(i,end="")
    if  i= ="3":
      continue
```

9. 以下程序的运行结果是 ______。

```
x = 4
ca = '123456'
if str(x) in ca:
    print(ca.replace(ca[x],str(x-2)))
```

10. 键盘输入数字 5，以下代码的运行结果是 ______。

```
n = eval(input(" 请输入一个整数： "))
s = 0
if n>=5:
    n -= 1
    s = 4
if n<5:
    n -= 1
    s = 3
print(s)
```

三、编程题

1. 写出程序的运行结果

（1）程序代码如下所示。

```
i = 0
```

```
while i < 5:
    i += 1
    print("%d 的平方值为 %d" % (i, i * i))
```

（2）程序代码如下所示。

```
x = 1
y = 0
while y < 3:
    y = y + 2 * x
    x = x + 1
print('y 值为 {}'.format(y))
print('对应的 x 值为 {}'.format( x ))
```

（3）程序代码如下所示。

```
for i in range(10):
    for j in range(10):
        if i + j > 16:
            print('{} + {} = {}'.format(i, j, i + j))
```

（4）程序代码如下所示。

```
for i in range(1, 7):
    for j in range(i):
        print(i - j, end='')
    print()
```

（5）程序代码如下所示。

```
for i in range(1, 10):
    sum = 1
    for j in range(1, i):
        if i % j == 0:
            sum += j
        if sum == i:
            print(i)
```

2. 编写程序

（1）从键盘输入任意一个整数，判断它是否为 3 的倍数。

（2）输出 100 以内所有能被 3 整除但是不能被 5 整除的整数。

（3）从键盘输入一个字符串，将其中的小写字母全部转换成大写字母，其他字符原样输出。

（4）计算 10～50 的整数和。

（5）从键盘输入任意两个整数，输出它们之间所有的偶数之和。

（6）从键盘输入一个大于 0 且小于或等于 10 的整数，输出它的阶乘。

（7）从键盘输入一个整数，判断它是否为素数。

（8）输入任意两个整数，输出它们的最大公约数和最小公倍数。

（9）输出斐波那契数列（Fibonacci sequence）的前 20 项。

（10）输出所有的水仙花数。水仙花数是一个三位数，并且个位数的立方加上十位数的立方，再加上百位数的立方的和恰好等于它自己。例如，$153 = 1^3 + 5^3 + 3^3$，所以 153 是水仙花数。

（11）百钱买百鸡：一百元钱买一百只鸡，其中一只公鸡 5 元，一只母鸡 3 元，三只小鸡一元，输出所有可能的组合方案。

（12）绘制 6 瓣红色的花朵。

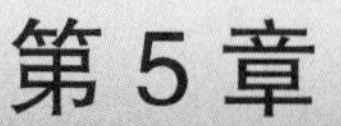

第5章 字符串和正则表达式

CHAPTER 5

字符串是计算机语言中的一种数据类型，用于表示和操作文本数据。字符串在信息传播、数据分析、信息处理、信息安全等方面承担着重要的作用。例如，在大数据爆发时代，学生可以通过掌握字符串的相关知识，了解如何提取、清洗和分析字符串数据，从而掌握信息的真实性，并利用可靠信息进行社会问题研究和决策。字符串知识点的学习，可以提升学生的网络道德认识，加强学生的信息安全意识。

正则表达式有着强大的文本处理能力，在数据处理、信息提取、数据分析、文本处理、数据匹配和验证等方面扮演着重要的角色。例如，学生可以通过正则表达式的模式匹配功能，查找特定的文本内容，识别和抵制网络上的虚假信息，提高学生的网络信息判断技能。正则表达式知识点的学习，可以提高学生的信息素养。

学习目标

（1）理解字符串的编码，掌握字符串的创建、转义字符的使用、字符串的截取和字符串的常用方法。

（2）了解正则表达式的概述，理解正则表达式元字符的语法规则，并掌握正则表达式模块的常用方法和匹配选项编译标志。培养学生在信息时代的思维能力、社会责任感，提高学生的信息素养。

（3）通过本章课程的学习，加深学生对传统文化的认识，加强学生的信息安全意识。

学习重点

（1）掌握字符串的截取和字符串的常用方法。

（2）掌握正则表达式元字符的语法规则，并掌握正则表达式模块的常用方法。

学习难点

正确理解正则表达式元字符的语法规则和相关技术的应用。

视频讲解

5.1 字符串

字符串是 Python 程序中常用的数据类型之一，大多数 Python 程序涉及字符串处理的内容。本节将对字符串的编码方式及常用的处理方法给予详细的介绍。

5.1.1 字符串编码

字符编码的目的在于存储和传输，不同语言的字符编码，采取的编码方式不同。最早的字符编码方式是 ASCII 码，ASCII 码采用 1 字节编码，而且只能对 127 个字符编码，即 10 个数字、26 个大小写英文字母和一些其他字符。但是，处理中文的汉字时，1 字节明显是不够的。1980 年，中国国家标准总局发布了《信息交换用汉字编码字符集》（GB/T 2312—1980），采用 2 字节表示常用的 6763 个汉字和 682 个非汉字字符。

在多语言的混合文本中，不同国家的编码方式可能会产生冲突，导致文本中出现乱码。而 Unicode 编码字符集把不同的编码方式统一到同一套编码方案里，为每种语言中的每个字符设定了统一且唯一的二进制编码，以满足跨语言、跨平台进行文本转换和处理的需求，解决了不同编码方式的冲突问题。在 Unicode 编码方案中，常用的字符用 2 字节表示，不常用的字符用 3～4 字节表示。这样的表示方式又产生了新的问题，一篇全英文字母的文章，用 Unicode 编码比 ASCII 码需要多一倍的存储空间，导致存储空间浪费、传输效率低等问题。

于是，UTF（Unicode Transformation Format，Unicode 转换格式）被提出，UTF 规定了 Unicode 字符集中各类字符的存储和传输格式，常用的格式有 UTF-8、UTF-16 和 UTF-32 等。Linux、Python 和浏览器等采用 UTF-8 编码，Windows、Java 等采用 UTF-16 编码。UTF-8 编码根据 Unicode 字符集中字符的分类不同，使其编码长度产生相应的变化，如，英文字母被编码为 1 字节，汉字被编码为 3 字节，生僻字符被编码为 4～6 字节。因此，UTF-8 编码又被称为“可变长编码”。

针对单个字符的编码，Python 提供了两个互相转换的内置函数，即 ord() 函数获取给定字符的 Unicode 编码值，chr() 函数将给定的 Unicode 编码值转换为对应的字符。示例代码如下所示。

```
>>> ord("中"), ord("1"), ord("a")    # 获取单个字符的 Unicode 编码值
(20013, 49, 97)
>>> ord("中国")                       # 不是单个字符，会引发 TypeError 异常
TypeError: ord() expected a character, but string of length 2 found.
>>> chr(20013), chr(49), chr(97)     # 返回 Unicode 编码值所对应的单个字符
('中', '1', 'a')
```

Python 语言中，字符串有 2 种不同的形式。str 类型通常用于表示 Unicode 字符序列，能够直观地阅读和理解。而 bytes 类型则将字符序列编码，并以字节序列的形式表示，主要用于字符序列的存储和传输。将 str 类型转换为 bytes 类型，可以使用 str 类型的 .encode() 方法进行转换。该方法会按照指定的字符编码将字符串转换为对应的字节序列，并返回一个新的 bytes 对象。相反地，将 bytes 类型转换为 str 类型，可以使用 bytes 类型的 .decode() 方法进行转换。该方法会按照指定的字符编码将字节序列解码为对应的字符串，并返回一个新的 str 对象。示例代码如下所示。

```
>>> "CHINA".encode("UTF-8")                              #str 类型转换为 bytes 类型
b'CHINA'
>>> "中国".encode("UTF-8")                               #str 类型转换为 bytes 类型
b'\xe4\xb8\xad\xe5\x9b\xbd'
>>> b'CHINA'.decode("UTF-8")                             #bytes 类型转换为 str 类型
'CHINA'
>>> b'\xe4\xb8\xad\xe5\x9b\xbd'.decode("UTF-8")  #bytes 类型转换为 str 类型
'中国'
```

5.1.2 字符串的创建

Python 程序中，字符串的创建方法可以分为两种。

1. 赋值法

赋值法创建字符串，使用英文单引号、英文双引号或英文三引号其中之一作为定界符进行创建，基本语法格式如下所示。

```
字符串名 =' 字符序列 '
或：字符串名 =" 字符序列 "
或：字符串名 =''' 字符序列 '''
```

需要说明的是，英文单引号为定界符创建字符串时，如果字符序列中又出现单引号，则该单引号需要使用转义字符进行转义；英文双引号为定界符创建字符串时，如果字符序列中又出现双引号，则该双引号需要使用转义字符进行转义；英文三引号为定界符创建字符串时，如果字符序列中又连续出现三引号，则该三引号中的一个需要使用转义字符进行转义。

示例代码如下所示。

```
>>> str1 = ''                          # 创建名为 str1 的空字符串
>>> str1
''
>>> str2 = 'I LOVE CHINA'              # 创建名为 str2 的字符串
>>> str2
'I LOVE CHINA'
>>> str3 = " 天下兴亡，匹夫有责。"       # 创建名为 str3 的字符串
>>> str3
' 天下兴亡，匹夫有责。'
```

另外，英文三引号或 3 个英文双引号为定界符时可以换行创建字符串。示例代码如下所示。

```
>>> # 创建名为 str4 的字符串，字符串分两行输入
>>> str4 = ''' 绿水青山
就是金山银山 '''
>>> str4
' 绿水青山 \n 就是金山银山 '                  # 字符串中的 \n 为转义字符，表示换行
>>> # 创建名为 str5 的字符串，字符串分两行输入
>>> str5 = """ 人民有信仰，
民族有希望，国家有力量。"""
>>> str5
' 人民有信仰，\n 民族有希望，国家有力量。' # 字符串中的 \n 为转义字符，表示换行
```

2. 函数法

使用内置函数 str() 进行字符串的创建，基本语法格式如下所示。

```
字符串名 =str( 可迭代对象 )
```

该函数将可迭代对象转换为字符串，参数是可迭代对象如字符串、列表、元组、字典等。示例代码如下所示。

```
>>> str6 = str()                  # 创建名为 str6 的空字符串
>>> str6
''
>>> str7 = str('CHINA')           # 创建名为 str7 的字符串
>>> str7
'CHINA'
>>> str8 = str([1, 2, 3])         # 创建名为 str8 的字符串
>>> str8
'[1, 2, 3]'
```

5.1.3　转义字符的使用

视频讲解

如果字符串本身就包含与定界符相同的元素，就会引发 SyntaxError 异常。示例代码如下所示。

```
# 字符串本身包含与定界符相同的元素，会引发 SyntaxError 异常
>>> strA = ' We're Chinese.'
SyntaxError: unterminated string literal.
```

为了避免上述的错误，可以采用以下两种解决办法。

（1）如果字符串中包含英文的单引号，那么整个字符串的边界符需要使用英文的双引号；如果字符串中包含英文的双引号，那么整个字符串的边界符需要使用英文的单引号。示例代码如下所示。

```
>>> strA =" We're Chinese. "                          # 字符串中的符号和边界符不同
>>> strA
" We're Chinese. "
```

（2）如果字符串中包含英文的单引号或双引号，可以在字符串中的引号之前添加反斜杠（\），对字符串中的引号进行转义，表示反斜杠后的引号是字符串中的一个普通字符，而不是字符串的定界符。示例代码如下所示。

```
>>> strA = ' We\'re Chinese.'                          # 字符串中的 \' 表示普通字符 '
>>> strA
" We're Chinese."
>>> strB = " 荀子曾言 :\" 学无止境 , 至死方休。\" "    # 字符串中的 \" 表示普通字符 "
>>> strB
' 荀子曾言 :" 学无止境 , 至死方休。" '
```

字符串中含有其他转义字符（如换行符或反斜杠符等）时处理方法的示例代码如下所示。

```
>>> print(" 人民有信仰 \n 民族有希望 \n 国家有力量 ")   # 字符串中含有换行符
人民有信仰
民族有希望
```

```
国家有力量
>>> print("C:\\Python\\Python310")                  # 字符串中含有反斜杠符
C:\Python\Python310
```

【例 5.1】编写程序，使用单引号或双引号作为字符串的定界符，通过 print() 语句实现以下内容的正确输出。

四个意识："政治意识\大局意识\核心意识\看齐意识"

四个自信：'道路自信 理论自信 制度自信 文化自信'

示例代码如下所示。

```
# 字符串定界符为''
print('四个意识："政治意识\\大局意识\\核心意识\\看齐意识"')
# 字符串定界符为""
print("四个意识：\"政治意识\\大局意识\\核心意识\\看齐意识\"")
# 字符串定界符为""
print("四个自信：'道路自信 理论自信 制度自信 文化自信'")
# 字符串定界符为''
print('四个自信：\'道路自信 理论自信 制度自信 文化自信\'')
```

运行结果如下所示。

```
四个意识："政治意识\大局意识\核心意识\看齐意识"
四个意识："政治意识\大局意识\核心意识\看齐意识"
四个自信：'道路自信 理论自信 制度自信 文化自信'
四个自信：'道路自信 理论自信 制度自信 文化自信'
```

5.1.4 字符串的截取

字符串的截取就是取出字符串中的子串。字符串的截取方法有两种：第一种是通过索引的方式进行单个字符的提取；第二种是通过切片的方式取出一段字符。

1. 字符串的索引

字符串是一个字符序列，可以通过索引的方式提取字符串中的单个字符。字符串的索引分为正向索引和反向索引。正向索引是把字符串中的字符从左向右进行编号，即第一个字符的索引号为 0，第二个字符的索引号为 1 等，以此类推。反向索引是把字符串中的字符从右向左进行编号，即最后一个字符的索引号为 -1，倒数第二个字符的索引号为 -2 等，以此类推。字符串索引的语法格式如下所示。

```
字符串对象名[n]
```

其中，n 表示字符序列的索引号。正向索引时，索引范围是 [0，len(字符串对象名))，为一个左闭右开的区间；反向索引时，索引范围是 [-len(字符串对象名)，-1]，为一个闭区间。示例代码如下所示。

```
>>> strC = '仁义礼智信是指：仁爱 忠义 礼和 睿智 诚信'
>>> len(strC)              # 计算字符串长度，汉字、符号、空格都按 1 个字符长度计算
23
```

```
>>> strC[0]              # 输出索引号为 0 的字符
'仁'
>>> strC[12]             # 输出索引号为 12 的字符
'忠'
>>> strC[-2]             # 输出索引号为 -2 的字符
'诚'
>>> strC[23]
# 索引号大于或等于字符串长度时，会引发 IndexError 异常
IndexError: string index out of range.
>>> strC['信']           # 字符串索引号必须是整数，否则会引发 TypeError 异常
TypeError: string indices must be integers.
```

2. 字符串的切片

字符串是不可变序列，即字符串中的字符不允许修改。但是，可以通过切片操作的方式来提取字符串的子串。字符串切片操作的语法格式如下所示。

```
字符串对象名 [ 开始索引号 : 结束索引号 : 步长 ]
```

切片操作以冒号分隔开始索引号、结束索引号和步长，遵循“左闭右开”原则，即开始索引号所指定的字符会包含在切片内，而结束索引号所指定的字符不会包含在切片内。如果没有指定开始索引号，则默认为 0；如果没有指定结束索引号，则默认为字符串的长度；如果没有指定步长，则默认为 1。示例代码如下所示。

```
>>> strC = '仁义礼智信是指 : 仁爱 忠义 礼和 睿智 诚信'
>>> len(strC)            # 计算字符串长度，汉字、符号、空格都按 1 个字符长度计算
23
>>> strC[0:22]           # 返回索引号位于 [0,22) 区间内的字符
'仁义礼智信是指 : 仁爱 忠义 礼和 睿智 诚'
>>> strC[:]              # 等价于 strC[::] 或 strC[0:23:1]，返回原字符串所有字符
'仁义礼智信是指 : 仁爱 忠义 礼和 睿智 诚信'
>>> strC[9:]             # 等价于 strC[9:23] 或 strC[9:23:1]，返回从索引号 9 到
                         # 末尾的所有字符
'仁爱 忠义 礼和 睿智 诚信'
>>> strC[:5]             # 等价于 strC[0:5] 或 strC[0:5:1]，返回索引号位于 [0,5)
                         # 区间内的字符
'仁义礼智信'
>>> strC[5:5]            # 返回空字符串
''
```

需要注意的是，从左向右进行正向切片时，步长要求为正数；从右向左进行反向切片时，步长要求为负数，否则切片操作的结果为空字符串。示例代码如下所示。

```
>>> strC = '仁义礼智信是指 : 仁爱 忠义 礼和 睿智 诚信'
>>> strC[0:5:1]          # 正向切片，步长为正数，返回索引号位于 [0,5) 区间内的字符
'仁义礼智信'
>>> strC[0:5:-1]         # 正向切片，步长为负数，切片结果为空字符串
''
```

```
# 反向切片，步长为负数，返回索引号位于 [-1,-15) 区间内，间隔为 -3 的字符
>>> strC[-1:-15:-3]
'信智和义爱'
>>> strC[-1:-15:3]        # 反向切片，步长为正数，切片结果为空字符串
''
```

【例 5.2】对联，也称“楹联”“春联”等，是我国传统文化的瑰宝，2006 年国务院把楹联习俗列为第一批国家级非物质文化遗产名录。编写程序，判断输入的对联是否为回文联。例如，“雾锁山头山锁雾”“天连水尾水连天”是回文联。“金木水火土，生宇宙万物”“仁义礼智信，铸人世五常”不是回文联。

示例代码如下所示。

```
s = input("请输入一段话（输入\"退出\"终止程序）：")
while s !="退出":
    if s == s[::-1]:
        print("这句话是回文联")
    else:
        print("这句话不是回文联")
    s = input("请输入一段话（输入\"退出\"终止程序）：")
```

运行结果如下所示。

```
请输入一段话（输入"退出"终止程序）：雾锁山头山锁雾
这句话是回文联
请输入一段话（输入"退出"终止程序）：仁义礼智信，铸人世五常
这句话不是回文联
请输入一段话（输入"退出"终止程序）：退出
```

视频讲解

5.1.5 字符串常用方法

在 Python 中，有很多对字符串进行操作的方法，这些方法的名称可以使用内置函数 dir() 进行查看。示例代码如下所示。

```
>>> import string                # 导入 string 模块
>>> dir('srting')                # 该函数的参数为模块名 'srting'
['__add__', '__class__', '__contains__', '__delattr__', '__dir__',
'__doc__', '__eq__', '__format__', '__ge__', '__getattribute__',
'__getitem__', '__getnewargs__', '__gt__', '__hash__', '__init__',
'__init_subclass__', '__iter__', '__le__', '__len__', '__lt__',
'__mod__', '__mul__', '__ne__', '__new__', '__reduce__', '__reduce_ex__',
'__repr__', '__rmod__', '__rmul__', '__setattr__', '__sizeof__',
'__str__', '__subclasshook__', 'capitalize', 'casefold', 'center',
'count', 'encode', 'endswith', 'expandtabs', 'find', 'format', 'format_map',
'index', 'isalnum', 'isalpha', 'isascii', 'isdecimal', 'isdigit',
'isidentifier', 'islower', 'isnumeric', 'isprintable', 'isspace',
'istitle', 'isupper', 'join', 'ljust', 'lower', 'lstrip', 'maketrans',
'partition', 'removeprefix', 'removesuffix', 'replace', 'rfind', 'rindex',
```

```
'rjust', 'rpartition', 'rsplit', 'rstrip', 'split', 'splitlines',
'startswith', 'strip', 'swapcase', 'title', 'translate', 'upper', 'zfill']
```

在 Python 中，可以通过内置函数 help() 查询字符串对象方法的用法。示例代码如下所示。

```
>>> help(str.lower)                # 查询字符串对象 lower() 方法的用法
Help on method_descriptor:
lower(self, /)
    Return a copy of the string converted to lowercase.
```

此外，在 Python 中，查询字符串对象方法的用法，也可以通过一段程序代码实现，如例 5.3 所示。

【例 5.3】编写程序，输入要查询的字符串对象的方法名称，显示相对应的结果。

示例代码如下所示。

```
import builtins                          # 导入 builtins 模块
function_name = input("请输入要查询的字符串对象的方法名称：")
try:
    help(getattr(builtins.str, function_name))
# 调用内置函数 getattr() 获取字符串对象的方法名称 function_name
except AttributeError as e:
    print("未找到字符串对象的方法名称！")
```

运行结果如下所示。

```
请输入要查询的字符串对象的方法名称：lower
Help on method_descriptor:
lower(self, /)
    Return a copy of the string converted to lowercase.
```

再次运行程序，结果如下所示。

```
请输入要查询的字符串对象的方法名称：Upper
未找到字符串对象的方法名称！
```

常用的字符串方法有以下 5 种。

1. 字符串大小写转换

字符串大小写转换常用方法如表 5-1 所示。

表 5-1　字符串大小写转换常用方法

方　法	说　明
lower()	将字符串中所有字母转为小写字母
upper()	将字符串中所有字母转为大写字母
capitalize()	将字符串中的首字母大写，其余字母均为小写
title()	将字符串中所有单词的首字母大写，其余字母均为小写
swapcase()	将字符串中所有大写字母转为小写字母，所有小写字母转为大写字母

【例 5.4】编写程序，对字符串 " 天生我材必有用：All things in their being are good for something." 进行字符串大小写转换。

示例代码如下所示。

```
s = " 天生我材必有用：All things in their being are good for something. "
print(s.lower())            # 将字符串中所有字母转为小写字母
print(s.upper())            # 将字符串中所有字母转为大写字母
print(s.capitalize())       # 将字符串中的首字母大写，其余字母均为小写
print(s.title())            # 将字符串中所有单词的首字母大写，其余字母均为小写
print(s.swapcase())
# 将字符串中所有大写字母转为小写字母，所有小写字母转为大写字母
```

运行结果如下所示。

```
天生我材必有用：all things in their being are good for something.
天生我材必有用：ALL THINGS IN THEIR BEING ARE GOOD FOR SOMETHING.
天生我材必有用：all things in their being are good for something.
天生我材必有用：All Things In Their Being Are Good For Something.
天生我材必有用：aLL THINGS IN THEIR BEING ARE GOOD FOR SOMETHING.
```

2. 字符串格式输出

字符串格式输出常用方法如表 5-2 所示。

表 5-2　字符串格式输出常用方法

方　法	说　　明
center()	将字符串按照给定的宽度居中输出，如果指定宽度小于字符串长度，则返回原字符串
ljust()	将字符串按照给定的宽度居左输出，如果指定宽度小于字符串长度，则返回原字符串
rjulst()	将字符串按照给定的宽度居右输出，如果指定宽度小于字符串长度，则返回原字符串
zfill()	将字符串按照给定的宽度输出，用“0”进行字符串的填充

【例 5.5】编写程序，对字符串“反诈骗电话：96110”进行字符串格式输出。

示例代码如下所示。

```
s1 = " 反诈骗电话:96110"
print(s1.center(15,"*"))        # 居中输出，指定 "*" 进行填充
print(s1.ljust(15,"*"))         # 居左输出，指定 "*" 进行填充
print(s1.rjust(15,"*"))         # 居右输出，指定 "*" 进行填充
print(s1.zfill(15))             # 用 "0" 进行填充
```

运行结果如下所示。

```
** 反诈骗电话:96110**
反诈骗电话:96110****
**** 反诈骗电话:96110
0000 反诈骗电话:96110
```

3. 字符串搜索、定位和替换

字符串搜索、定位和替换常用方法如表 5-3 所示。

表 5-3　字符串搜索、定位和替换常用方法

方　法	说　明
count(sub[, start[, end]])	返回子字符串 sub 在字符串的 [start, end) 范围内出现的次数
find(sub[, start[, end]])	返回子字符串 sub 在字符串的 [start, end) 范围内首次出现的索引号，如果未检索到，返回 -1
rfind(sub[, start[, end]])	从右检测，返回子字符串 sub 在字符串的 [start, end) 范围内首次出现的索引号，如果未检索到，返回 -1
index(sub[, start[, end]])	返回子字符串 sub 在字符串的 [start, end) 范围内首次出现的索引号，如果未检索到，抛出异常
rindex(sub[, start[, end]])	从右检测，返回子字符串 sub 在字符串的 [start, end) 范围内首次出现的索引号，如果未检索到，抛出异常
replace(old, new[, count])	把字符串中的 old 字符替换为 new 字符，替换不超过 count 次
lstrip([chars])	截掉字符串左边的空格或指定字符 chars
rstrip([chars])	截掉字符串右边的空格或指定字符 chars
strip([chars])	截掉字符串左右两边的空格或指定字符 chars

【例 5.6】编写程序，对字符串“青年兴则国家兴，青年强则国家强。”进行字符串搜索、定位和替换。

示例代码如下所示。

```
s2 = "  青年兴则国家兴，青年强则国家强。 "
print(s2.count("青年"))        #返回"青年"在字符串中出现的次数
print(s2.find("青年"))         #返回"青年"在字符串中首次出现的索引号
print(s2.rfind("青年"))        #从右检测，返回"青年"在字符串中首次出现的索引号
print(s2.replace("青年","少年"))        #把字符串中的"青年"替换为"少年"
print(s2.lstrip())                     #截掉字符串左边的空格
print(s2.rstrip())                     #截掉字符串右边的空格
print(s2.strip())                      #截掉字符串左右两边的空格
```

运行结果如下所示。

```
2
2
10
  少年兴则国家兴，少年强则国家强。
青年兴则国家兴，青年强则国家强。
  青年兴则国家兴，青年强则国家强。
青年兴则国家兴，青年强则国家强。
```

4. 字符串联合和分隔

字符串联合和分隔常用方法如表 5-4 所示。

表 5-4　字符串联合和分隔常用方法

方　法	说　　明
join()	用指定的字符作为连接符，将列表中多个字符串连接到一起
partition()	用指定的字符作为分隔符，从左向右将字符串分隔为两部分，返回 3 个元素的元组（头，分隔符，尾）
rpartition()	用指定的字符作为分隔符，从右向左将字符串分隔为两部分，返回 3 个元素的元组（头，分隔符，尾）
split()	用指定的字符作为分隔符，将字符串从左向右切割，返回列表，默认空格为分隔符，可以指定分隔次数
rsplit()	用指定的字符作为分隔符，将字符串从右向左切割，返回列表，默认空格为分隔符，可以指定分隔次数

【例 5.7】编写程序，进行字符串联合和分隔。

示例代码如下所示。

```
s3 = ["玉不琢","不成器","人不学","不知义"]
print("*".join(s3))              # 用 "*" 进行列表中多个字符串的连接
s4 = "玉不琢-不成器-人不学-不知义"
# 从左向右，用 "-" 进行字符串的分隔，返回 3 个元素的元组
print(s4.partition("-"))
# 从右向左，用 "-" 进行字符串的分隔，返回 3 个元素的元组
print(s4.rpartition("-"))
# 从左向右，用 "-" 进行字符串的分隔，分隔两次，返回列表
print(s4.split("-",2))
# 从右向左，用 "-" 进行字符串的分隔，分隔 1 次，返回列表
print(s4.rsplit("-",1))
```

运行结果如下所示。

```
玉不琢*不成器*人不学*不知义
('玉不琢', '-', '不成器-人不学-不知义')
('玉不琢-不成器-人不学', '-', '不知义')
['玉不琢', '不成器', '人不学-不知义']
['玉不琢-不成器-人不学', '不知义']
```

5. 字符串条件判断

字符串条件判断常用方法如表 5-5 所示。

表 5-5　字符串条件判断常用方法

方　法	说　　明
startswith(sub[, start[, end]])	判断字符串在指定 [start, end) 范围内，是否以指定字符串 sub 开始，是返回 True，否返回 False
endswith(sub[, start[, end]])	判断字符串在指定 [start, end) 范围内，是否以指定字符串 sub 结束，是返回 True，否返回 False
isalnum()	判断字符串至少有一个字符，并且都由字母或数字组成，是返回 True，否返回 False
isalpha()	判断字符串至少有一个字符，并且都由字母组成，是返回 True，否返回 False

续表

方　法	说　明
isdigit()	判断字符串至少有一个字符，并且都由数字组成，是返回 True，否返回 False
isidentifier()	判断字符串是否由有效 Python 标识符组成，是返回 True，否返回 False
islower()	判断字符串中的所有字母是否均为小写，是返回 True，否返回 False
isupper()	判断字符串中的所有字母是否均为大写，是返回 True，否返回 False
istitle()	判断字符串中每个单词是否首字母大写，其他字母小写，是返回 True，否返回 False
issapce()	判断字符串是否都由空格组成，是返回 True，否返回 False

【例 5.8】在 IDLE 交互式环境下，进行字符串条件判断。

示例代码如下所示。

```
>>> "2008年北京奥运会".startswith("2008"),"2008年北京奥运会".endswith("2008")
(True, False)
>>> "2008 Beijing Summer Olympics".isalnum(), "2008".isalpha(), "2008".
isdigit()
(False, False, True)
>>> "2008".isidentifier(),"_2008".isidentifier()
(False, True)
>>> "Beijing Summer Olympics".islower(), "Beijing Summer Olympics".isupper()
(False, False)
>>> "Beijing Summer Olympics".istitle(), "Beijing Summer Olympics".isspace()
(True, False)
```

5.2　正则表达式

正则表达式（Regular Expression，Regex）是一种强大的文本处理工具，它使用单个字符串来描述和匹配一系列符合某个特定语法规则的字符串。它通常被广泛应用于字符串搜索、替换以及复杂的数据验证等场景。

5.2.1　正则表达式概述

正则表达式是一个特殊的字符序列，它以灵活、简单的方法进行文本搜索和匹配、数据验证、数据提取、文本处理、语法分析和编译以及字符串操作，具体作用描述如下。

（1）文本搜索和匹配：可以用来搜索、匹配和替换特定模式的文本，例如查找所有符合特定格式的邮箱地址、电话号码等。

（2）数据验证：可以用来验证用户输入是否符合特定的格式要求，例如验证电子邮件地址、密码复杂度等。

（3）数据提取：可以从复杂的文本中提取出需要的信息，例如从网页源码中抽取出所有链接地址。

（4）文本处理：可以用来进行文本的分割、替换、删除等操作，例如删除所有的空格或者特定标记。

（5）语法分析和编译：在编译器和解释器中，正则表达式可以用来识别和处理语法结构，例如在编程语言中的语法分析阶段，识别关键字、变量名等。

（6）字符串操作：可以用来处理和操作字符串，进行复杂的模式匹配和处理，例如对文本进行格式化、规范化等操作。字符串操作常用的功能有如下 4 种。

① 字符串提取：通过正则表达式来提取字符串中符合要求的文本。

② 字符串匹配：查看字符串是否符合正则表达式的语法，一般返回 True 或 False。

③ 字符串替换：查找字符串中符合正则表达式的文本，并且用指定的字符串进行替换。

④ 字符串分隔：使用正则表达式对字符串进行分隔。

5.2.2 正则表达式元字符

在 Python 中，使用正则表达式时，需要先导入 re 模块，re 模块提供了正则表达式操作所需要的功能。正则表达式通过普通字符和特殊字符（又称为元字符）构成一个规则（模式），使用这个规则对字符串进行过滤，从而得到想要的结果。

1. 字符类元字符

常用的字符类元字符如表 5-6 所示。

表 5-6 常用的字符类元字符

元 字 符	说 明
[ ]	匹配 [ ] 中所包含的任意一个字符
[^xyz]	反向字符集，匹配除 x、y、z 之外的任意字符
[a-z]	字符范围，匹配任意小写英文字母
[^a-z]	反向字符范围，匹配除小写英文字母之外的任意字符
[\u4e00-\u9fa5]	字符范围，匹配任意中文字符

【例 5.9】在 IDLE 交互式环境下，列举常用的字符类元字符。

示例代码如下所示。

```
>>> import re
>>> s = "中国:China 瓷器:china 中国人:chinese 唐人街:chinatown "
>>> re.findall(r"china",s)                # 匹配所有的 china
['china', 'china']
>>> re.findall(r"[china]",s)              # 匹配 c、h、i、n、a 中的任意一个字符
['h', 'i', 'n', 'a', 'c', 'h', 'i', 'n', 'a', 'c', 'h', 'i', 'n', 'c',
'h', 'i', 'n', 'a', 'n']
>>> re.findall(r"[A-Za-z]hina",s)         # 匹配大写字母或小写字母后面跟 hina
['China', 'china', 'china']
>>> re.findall(r"ch[in]a",s)              # 匹配 chia 或者 chna
[ ]
>>> re.findall(r"chin[^a]",s)             # 匹配 chin 后面不跟 a
['chine']
>>> re.findall(r"[[\u4e00-\u9fa5]",s)  # 匹配任意一个中文字符
['中', '国', '瓷', '器', '中', '国', '人', '唐', '人', '街']
```

2. 预定义字符类元字符

常用的预定义字符类元字符如表 5-7 所示。

表 5-7　常用的预定义字符类元字符

元 字 符	说　明
.	匹配除换行符（\n）之外的任意单个字符
\	转义字符
\d	匹配任意一个数字，等价于 [0-9]
\D	匹配任意一个非数字，等价于 [^0-9]
\s	匹配任意一个空白字符，等价于 [\t\n\r\f\v]
\S	匹配任意一个非空白字符，与 \s 相反，等价于 [^\t\n\r\f\v]
\w	匹配字母、数字、下画线中的任意一个，等价于 [A-Za-z0-9_]
\W	匹配非字母、数字、下画线中的任意一个，与 \w 相反，等价于 [^A-Za-z0-9_]

【例 5.10】在 IDLE 交互式环境下，列举常用的预定义字符类元字符。

示例代码如下所示。

```
>>> import re
>>> s = "中国:China 瓷器:china 中国人:chinese 唐人街:chinatown "
>>> re.findall(r"chin.",s)          # 匹配 chin 后跟一个除换行符外的任意字符
['china', 'chine', 'china']
>>> re.findall(r".hin.",s)          # 匹配 hin 前后各跟一个除换行符外的任意字符
['China', 'china', 'chine', 'china']
>>> s1 = "华罗庚(1910.11.12－1985.6.12)是世界著名的数论家和组合学家。"
>>> re.findall(r"\d\d\d\d",s1)     # 匹配 4 位的任意数字
['1910', '1985']
>>> s2 = "1_one 2_two 3_three 4_four"
# 匹配一个数字后跟一个非空白字符，再跟一个字母或数字或下画线
>>> re.findall(r"\d\S\w",s2)
['1_o', '2_t', '3_t', '4_f']
```

3. 边界匹配符类元字符

常用的边界匹配符类元字符如表 5-8 所示。

表 5-8　常用的边界匹配符类元字符

元 字 符	说　明
^	匹配字符串的头部
$	匹配字符串的尾部或换行符的前一个字符
\b	匹配一个单词的边界，即单词的头部或尾部
\B	匹配一个单词的非边界，即单词的非头部或非尾部，与 \b 相反

【例 5.11】在 IDLE 交互式环境下，列举常用的边界匹配符类元字符。

示例代码如下所示。

```
>>> import re
>>> s = "Cat, cat, catch that fat rat."
```

```
>>> re.findall(r"cat",s)          # 匹配所有的 cat
['cat', 'cat']
>>> re.findall(r"^cat",s)         # 匹配以 cat 开头的字符串
[]
>>> re.findall(r"at$",s)          # 匹配以 at 结尾的字符串
[]
>>> re.findall(r"\bcat",s)        # 匹配头部有边界的 cat
['cat', 'cat']
>>> re.findall(r"\Bat\B",s)       # 匹配头部和尾部都不是边界的 at
['at']
```

4. 重复限定符类元字符

常用的重复限定符类元字符如表 5-9 所示。

表 5-9　常用的重复限定符类元字符

元　字　符	说　　明
*	匹配“*”前面的字符，0 次或多次
+	匹配“+”前面的字符，1 次或多次
?	匹配“?”前面的字符，0 次或 1 次
{ }	匹配“{ }”前面的字符，按“{ }”中指定的次数匹配
|	匹配“|”之前或之后的字符
()	匹配“()”中的内容

【例 5.12】在 IDLE 交互式环境下，列举常用的重复限定符类元字符。

示例代码如下所示。

```
>>> import re
>>> s = "1 10 11 102 112 1122 1112"
>>> re.findall(r"111*",s)         # 匹配 "*" 前面的字符 1，0 次或多次
['11', '11', '11', '111']
>>> re.findall(r"112+",s)         # 匹配 "+" 前面的字符 2，1 次或多次
['112', '1122', '112']
>>> re.findall(r"11{2}",s)        # 匹配 "{ }" 前面的字符 1，2 次
['111']
>>> re.findall(r"12{2,}",s)       # 匹配 "{ }" 前面的字符 2，2 次或多次
['122']
>>> re.findall(r"102|112",s)      # 匹配 102 或者 112
['102', '112', '112', '112']
>>> re.findall(r"(112)+",s)       # 匹配 112，1 次或多次
['112', '112', '112']
```

视频讲解

5.2.3　正则表达式模块

Python 中，re 模块提供了众多可以实现正则表达式操作所需要的方法，这些方法名称可以通过内置函数 dir() 进行查看。

```
>>> import re
>>> dir(re)
['A', 'ASCII', 'DEBUG', 'DOTALL', 'I', 'IGNORECASE', 'L', 'LOCALE',
'M', 'MULTILINE', 'Match', 'Pattern', 'RegexFlag', 'S', 'Scanner', 'T',
'TEMPLATE', 'U', 'UNICODE', 'VERBOSE', 'X', '_MAXCACHE', '__all__',
'__builtins__', '__cached__', '__doc__', '__file__', '__loader__',
'__name__', '__package__', '__spec__', '__version__', '_cache',
'_compile', '_compile_repl', '_expand', '_locale', '_pickle',
'_special_chars_map', '_subx', 'compile', 'copyreg', 'enum', 'error',
'escape', 'findall', 'finditer', 'fullmatch', 'functools', 'match',
'purge', 'search', 'split', 'sre_compile', 'sre_parse', 'sub', 'subn',
'template']
```

re 模块的常用方法如表 5-10 所示。

表 5-10 re 模块的常用方法

方 法	说 明
split()	将字符串用指定分隔符进行分隔，并返回分隔后的字符串列表
findall()	返回字符串中模式的所有匹配项的列表
sub()	用给定的字符串替换原字符串中的匹配项
escape()	对字符串中可能被解释为正则表达式的特殊字符进行转义
search()	在字符串中寻找正则表达式模式的第一次匹配
match()	在字符串开始位置进行正则表达式模式的匹配
compile()	创建模式的对象

1. split() 方法

split() 方法用指定的分隔符对字符串进行分隔操作，并返回分隔后的字符串列表。该方法的基本语法格式如下所示。

```
re.split(pattern,string[,flags])
```

其中，参数 pattern 表示正则表达式字符串；string 表示已知字符串或字符串对象；flags 表示匹配标志，用于控制正则表达式的匹配方式，如是否区分大小写、多行匹配等。匹配标志详细说明参见 5.2.4 节匹配选项编译标志。示例代码如下所示。

```
>>> import re
>>> s = "鼠、牛、虎、兔、龙、蛇、马、羊、猴、鸡、狗、猪"
>>> re.split("、",s)              # 以"、"为分隔符进行分隔
['鼠', '牛', '虎', '兔', '龙', '蛇', '马', '羊', '猴', '鸡', '狗', '猪']
>>> re.split("龙",s)              # 以"龙"为分隔符进行分隔
['鼠、牛、虎、兔、', '、蛇、马、羊、猴、鸡、狗、猪']
```

2. findall() 方法

findall() 方法用某个正则表达式模式对字符串进行匹配，按找到的顺序返回一个匹配列表。如果没有找到匹配的，则返回空列表。该方法的基本语法格式如下所示。

```
re.findall(pattern,string[,flags])
```

其中，各项参数含义同 split() 方法。示例代码如下所示。

```
>>> import re
>>> s = "一分耕耘，一分收获 (No pains,no gains.)"
>>> re.findall(r"ai\w",s)    # 匹配 ai 后面跟一个字母或一个数字或一个下画线
['ain', 'ain']
>>> pattern = "[A-Z]\w"
>>> re.findall(pattern,s)    # 匹配大写字母后面跟一个字母或一个数字或一个下画线
['No']
```

3. sub() 方法

sub() 方法用给定的字符串替换原字符串中的匹配项。如果没有找到原字符串中的匹配项，则保留原字符串元素不变。该方法的基本语法格式如下所示。

```
re.sub(pattern,repl,string,count=0[,flags])
```

其中，参数 pattern 表示正则表达式字符串；repl 表示给定的字符串，也可以是一个函数；string 表示已知字符串或字符串对象；count 表示匹配后替换的最大次数，如果省略，则表示替换所有被匹配到的字符；flags 表示匹配标志，可以省略。示例代码如下所示。

```
>>> import re
>>> s = "您好！我的账户密码是：12345。"
>>> re.sub(r"[0-9]", "*",s)     # 将匹配到的每一个数字用 * 替换
'您好！我的账户密码是：*****。'
>>> re.sub(r"[0-9]+", "*",s)    # 将匹配到的多个数字用一个 * 替换
'您好！我的账户密码是：*。'
```

该示例中省略了 count 参数，结果为字符“*”替换了所有匹配到的数字。

4. escape() 方法

escape() 方法对字符串中可能被解释为正则表达式的特殊字符进行转义。该方法的基本语法格式如下所示。

```
re.escape(pattern)
```

其中，参数 pattern 表示含有特殊字符的字符串。示例代码如下所示。

```
>>> import re
>>> s = "中国政府网的网址为：https://www.gov.cn/"
# 字符串中的 . 容易被理解为正则表达式中的元字符
>>> re.escape(s)                # 对字符串中的 . 进行转义
'中国政府网的网址为：https://www\\.gov\\.cn/'
```

另外，需要注意，escape() 方法对特殊字符进行的转义可能会造成一些不符合预期的结果。

5. search() 方法

search() 方法利用正则表达式模式对给定的字符串进行匹配。如果匹配成功，则返回第一个匹配对象；否则返回 None。该方法的基本语法格式如下所示。

```
re.search(pattern,string[,flags])
```

其中，各项参数含义同 split() 方法。示例代码如下所示。

```
>>> import re
>>> s = "青年一代有理想、有本领、有担当，国家就有前途，民族就有希望。"
>>> re.search("青年", s)  # 在字符串 s 中对 "青年" 一词匹配，返回首次匹配成功的对象
<re.Match object; span=(0, 2), match='青年'>
>>> re.search("希望", s)  # 在字符串 s 中对 "希望" 一词匹配，返回首次匹配成功的对象
<re.Match object; span=(27, 29), match='希望'>
```

6. match() 方法

match() 方法从字符串的开始位置进行正则表达式模式匹配，如果匹配成功，则返回一个匹配对象，否则返回 None。该方法的基本语法格式如下所示。

```
re.match(pattern,string[,flags])
```

其中，各项参数含义同 split() 方法。示例代码如下所示。

```
>>> import re
>>> s = "青年一代有理想、有本领、有担当，国家就有前途，民族就有希望。"
>>> re.match("青年", s)
# 在字符串开始位置匹配 "青年" 一词，匹配成功返回匹配对象
<re.Match object; span=(0, 2), match='青年'>
>>> print(re.match("希望", s))
# 在字符串开始位置匹配 "希望" 一词，匹配失败返回 None
None
```

需要注意 match() 方法与 search() 方法的区别。match() 方法从字符串的开始位置匹配，如果字符串开始位置不符合正则表达式模式，则匹配失败，返回 None，即不再对后续字符匹配。而 search() 方法则对整个字符串进行扫描匹配，直到匹配成功。

7. compile() 方法

compile() 方法将一个字符串形式的正则表达式编译成一个正则表达式对象，以供 match()、search() 以及其他方法使用。该方法的基本语法格式如下所示。

```
p=re.compile(pattern[,flags])
```

其中，参数 pattern 是一个字符串形式的正则表达式；flags 表示匹配选项，默认为 0。等号左边的 p 是返回的正则表达式对象。示例代码如下所示。

```
>>> import re
>>> patter = re.compile(r"\d+")     # 通过 compile 创建正则表达式对象 patter
>>> s = "反诈骗电话:96110"
>>> m= patter.findall(s)            # 利用 patter 对象提取字符串 s 中的数字
>>> print(m)
['96110']
```

【例 5.13】输入一个电话号码，该电话号码的格式为所在地电话区号 - 固定电话号码，其中所在地电话区号由 3 位或 4 位数字组成，且第一个数字为 0；固定电话号码由 7 位或 8 位数字组成。编写程序，使用正则表达式验证输入的电话号码是否为有效的电话号码。

示例代码如下所示。

```
import re
tel = input("请输入一个电话号码：")
#通过 compile 创建模式对象 patter
patter = re.compile(r"(^0\d{3,4})-(\d{7,8}$)")
if patter.search(tel):
    print(tel,"是有效的电话号码。")
else:
    print(tel,"是无效的电话号码，请您重新核对。")
```

运行结果如下所示。

```
请输入一个电话号码：0951-12345678
0951-12345678 是有效的电话号码。
请输入一个电话号码：1234-12345678
1234-12345678 是无效的电话号码，请您重新核对。
```

5.2.4 匹配选项编译标志

正则表达式的匹配选项是通过编译标志对字符进行控制处理的，可以通过修改正则表达式的编译标志，进行某些特殊字符的处理。如匹配字符时是否区分大小写、多行匹配等。re 模块中常用的匹配选项编译标志如表 5-11 所示。

表 5-11 re 模块中常用的匹配选项编译标志

编译标志	描述
re.A	部分转义符（如 \w、\b、\s、\d、\D 等）只能匹配 ASCII 码字符
re.I	匹配时不区分大小写
re.D	匹配所有字符，包括换行符等
re.M	多行匹配模式
re.S	匹配包括换行在内的所有字符

示例代码如下所示。

```
>>> import re
>>> re.findall('mother.country', 'mother\ncountry')     #无匹配项
[]
>>> re.findall('mother.country', 'mother\ncountry',re.S) #re.S 匹配所有字符
['mother\ncountry']
>>> re.findall(r"New china","new China",re.I)           #re.I 不区分大小写
['new China']
```

小结

本章介绍了字符串和正则表达式的相关知识。字符串小节的相关知识，主要包括字符串的编码、创建、截取，转义字符的使用和字符串常用方法等。正则表达式小节的相

关知识，主要包括正则表达式的概述、元字符介绍、re 模块中常用方法及匹配选项编译标志等。

【思政元素融入】

在字符串编码中，从 ASCII 码到 Unicode 编码，需要了解不同编码方式的历史背景和相关文化，体现了对多元文化的尊重和包容。在转义字符的使用中，涉及对特殊字符的处理，体现了对数据安全和信息安全的重视。在字符串常用方法的使用中，需要对不同方法进行整合处理，体现了灵活应用所学知识解决实际问题的能力。在正则表达式元字符的使用中，需要按照特定的语法规则编写正则表达式，强调了正则表达式的规范性和严谨性，体现了对规范的尊重和遵守。这些内涵有利于学生综合素质、社会责任感和创新能力的培养。

习题

一、选择题

1. 以下关于字符串的描述正确的是（　　）。
   A. 字符串中字符的长度为 1 或 2 或 3
   B. 字符串中的字符可以进行数学运算，但进行数学运算的字符必须为数字
   C. 在三引号字符串中可包含换行符、回车符等特殊字符
   D. 字符串只可以使用一对英文单引号进行创建

2. 在 Python 中，使用函数方法创建空字符串的正确操作是（　　）。
   A. str1 = ""　　B. str2 = "　"　　C. str3 = str()　　D. str4 = str(　)

3. 在 Python 中，下列哪个选项是表示换行符的转义字符（　　）。
   A. \n　　B. \t　　C. \r　　D. \v

4. 以下语句中，哪个选项是错误的字符串赋值方式，会出现 SyntaxError（　　）。
   A. strA='满江红名句："莫等闲，白了少年头，空悲切。"'
   B. strA="满江红名句："莫等闲，白了少年头，空悲切。""
   C. strA="满江红名句：\"莫等闲，白了少年头，空悲切。\""
   D. strA='满江红名句：\'莫等闲，白了少年头，空悲切。\''

5. 在 Python 中，以下程序的运行结果是（　　）。

```
tstr = '12345678'
print(tstr[1: -1:2])
```

   A. 24　　B. 1357　　C. 246　　D. 2468

6. 在 Python 中，以下程序的运行结果是（　　）。

```
Str1="现在，青春是用来奋斗的；将来，青春是用来回忆的。"
print(Str1.replace("青春","岁月",1))
```

   A. 现在，岁月是用来奋斗的；将来，岁月是用来回忆的。
   B. 现在，青春是用来奋斗的；将来，岁月是用来回忆的。
   C. 现在，青春是用来奋斗的；将来，青春是用来回忆的。
   D. 现在，岁月是用来奋斗的；将来，青春是用来回忆的。

7. 在 Python 中，以下程序的运行结果是（　　）。

```
Str2 = "照镜子、正衣冠、洗洗澡、治治病"
split_Str2 = Str2.split("、", 1)
print(split_Str2)
```

A. ['照镜子','正衣冠','洗洗澡','治治病']
B. ['照镜子','正衣冠、洗洗澡、治治病']
C.（'照镜子','正衣冠','洗洗澡','治治病'）
D.（'照镜子','正衣冠、洗洗澡、治治病'）

8. 在 Python 中，执行以下语句，哪个选项所示的正则表达式可以匹配以"不忘初心"开头的字符串（　　）。

```
import re
s = "不忘初心，牢记使命。"
```

A. re.findall（r"不忘初心$", s）　　B. re.findall（r"^不忘初心", s）
C. re.findall（r"\B不忘初心", s）　　D. re.findall（r"\d不忘初心", s）

9. 在 Python 中，以下哪个正则表达式可以匹配字符串中连续出现的数字"222"（　　）。

A. 2*　　B. 2+　　C. 2{3}　　D. 2{2,}

10. 在 Python 中，re 模块中的哪个方法用于将字符串用指定分隔符进行分隔，并返回分隔后的字符串列表（　　）。

A. findall()　　B. sub()　　C. split()　　D. search()

二、填空题

1. 在 Python 中，表示回车的转义字符是 ________。
2. 字符串 strA='打铁必须自身硬'，其中 strA[5] 表示的字符是 ________。
3. 字符串 strB='精准扶贫、精准脱贫'，其中 strB[7:9] 表示的字符是 ________。
4. 对字符串 strC="互联网+教育"进行 print(strC.center(9, "*")) 的操作，输出结果为 ________。
5. 对字符串 strD="绿水青山就是金山银山"进行 print(strD.rfind("山")) 的操作，输出结果为 ________。
6. 对字符串 strE="五讲-四美-三热爱"进行从右向左以连字符"-"为分隔的分割操作，切割一次后得到的元组为 ________。
7. 对字符串 strF="apple orange banana" 使用正则表达式 re.findall(r"\w\w\w\w", strF)，匹配的结果是 ________。
8. 对字符串 strG="abc123def456ghi" 进行 re.sub(r"\d+", "*", strG) 的操作，输出结果是 ________。

三、编程题

1. 输入一个包含数字的英文字符串，统计字母和数字出现的次数和频率。
2. 开发敏感词过滤程序，提示用户输入内容，如果用户输入的内容中包含“暴力”和“诈骗”，则将该内容用 ** 替换。例如，输入内容：“2023 年全国各地开展了护苗运动，提醒青少年上网要注意：涉及暴力、涉及诈骗的信息，不要轻易相信！”运行后输出:“2023 年全国各地开展了护苗运动，提醒青少年上网要注意：涉及 **、涉及 ** 的信息，不要轻易相信！”

3. 编写程序，提示用户输入一个包含数字的字符串，将字符串中的数字字符取出，生成一个新的字符串。

4. 编写程序，提示用户输入两个字符串，并取出两个字符串中的公共字符。

5. 编写程序，提示用户输入内容，统计字符串中单词的个数。

6. 输入一个手机号码，手机号码格式为：第 1 位是 1，第 2～11 位可以是 3、4、5、6、7、8、9，使用正则表达式判断手机号码是否有效。

7. 编写程序，输入一个字符串，该字符串为网址文本，使用正则表达式验证该网址是否有效。本题有效网址的格式为：^(http|https): // 匹配起始位置以 http:// 或 https:// 开头；[a-zA-Z0-9.-]+ 匹配由一个或多个字母、数字、点号或连字符构成的域名部分；\. 匹配分隔域名和顶级域名的一个点号；[a-zA-Z]{2，4} 匹配由 2～4 个字母构成的顶级域名；(/\S*) ? 匹配可选的路径部分，包括一个斜杠后面跟随 0 个或多个非空白字符；$ 匹配字符串的结束位置。

第 6 章 CHAPTER 6 组合数据类型

在程序设计中，单个数据类型的处理并不能满足实际的需要，往往需要多种数据类型的配合使用，即合理使用组合数据类型，才能准确地完成复杂程序的实现。这与现实社会中的团队合作、集体智慧的整合相似。团队中的每个人都类似于一个数据类型，只有多种数据类型紧密合作、协调一致，才能高效地实现复杂的任务。例如，国家统计局公布的基本养老保险数据、基本医疗保险数据、工伤保险数据、失业保险数据、生育保险数据等，这些组合数据的增长共同反映我国社会保障事业取得了显著的成果。因此，当需要对批量的相关数据进行表示和处理时，Python 中常使用以下几种组合数据类型：列表、元组、字典、集合，来实现任务目标。

学习目标

（1）掌握列表的创建、访问和切片，掌握列表元素的增加、删除、修改、索引、统计、排序和反序等操作。

（2）掌握元组的创建，掌握元组元素的访问和删除等操作。

（3）掌握字典的创建，掌握字典元素的访问、修改、增加和删除等操作。

（4）掌握集合的创建，掌握集合元素的增加和删除，以及集合的运算等操作。

（5）通过本章课程的学习，培养学生的团队合作精神，增强学生的信息安全意识。

学习重点

掌握列表、元组、字典和集合这 4 种数据类型的操作区别。

学习难点

理解可变数据类型、不可变数据类型、有序序列、无序序列的概念，合理选择和使用组合数据类型。

6.1 列表

列表是一种可变的有序序列，由一对英文方括号括起来的多个数据元素组成，元素之间用英文逗号进行分隔。列表元素的数据类型可以相同，也可以不相同，可以是数字、字符串、列表、元组、字典等数据类型。列表中的元素可以重复，也可以在列表创建完成后，对其元素进行增加、修改、删除等操作。

6.1.1　列表的创建

在 Python 中，列表的创建方法可以分为两种。

1. 赋值法

使用“=”运算符将一个可迭代序列赋值给列表名，即完成了列表的创建。赋值法创建列表的基本语法格式如下所示。

```
列表名 = [ 可迭代序列 ]
```

Python 中可以将一个可迭代序列（如：1，'a'，'bc'，3）直接赋值给列表名，列表名可以是任何符合 Python 语法命名规则的标识符。示例代码如下所示。

```
>>> list1 = []                          # 创建名为 list1 的空列表
>>> list2 = ['I', 'LOVE', 'CHINA']   # 创建名为 list2，含有 3 个字符串元素的列表
>>> list3 = [1, '1', [1], {1}] # 创建名为 list3，含有 4 个不同数据类型元素的列表
```

2. 函数法

使用内置函数 list() 进行列表的创建。该函数的基本语法格式如下所示。

```
列表名 = list( 可迭代对象 )
```

list() 函数用于将一个可迭代对象（如元组、字符串或其他可迭代的数据结构）转换为列表，列表名可以是任何符合 Python 语法命名规则的标识符。示例代码如下所示。

```
>>> list4 = list()                     # 创建名为 list4 的空列表
>>> list5 = list('CHINA')              # 等价于 list5 = ['C','H','I','N','A']
>>> list6 = list(range(0, 10, 3))  # 等价于 list6 = [0, 3, 6, 9]
```

6.1.2　列表的访问

与字符串元素的访问方法类似，列表也使用索引来访问其中的元素。索引分为正向索引和反向索引。正向索引是把序列中的元素从左向右编号，即第一个元素的索引号为 0，第二个元素的索引号为 1 等，以此类推。反向索引是把序列中的元素从右向左编号，即最后一个元素的索引号为 -1，倒数第二个元素的索引号为 -2 等，以此类推。列表的正向索引和反向索引如图 6-1 所示。

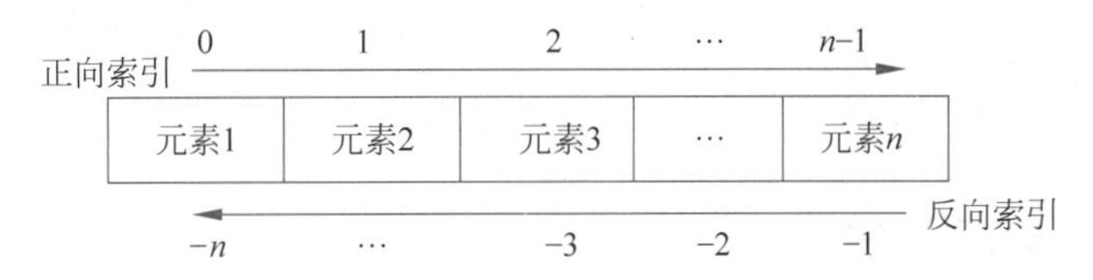

图 6-1　列表的正向索引和反向索引

在列表的访问过程中，可以使用列表名直接输出全部列表元素，也可以使用列表名和索引号输出指定的元素。访问列表指定元素的基本语法格式如下所示。

```
列表名 [index]
```

其中，index 表示列表的索引号。正向索引时，索引范围是 [0, len(列表名))，为一个左闭右开的区间；反向索引时，索引范围是 [- len(列表名), -1]，为一个闭区间。示例代码如下所示。

```
>>> list7 = ['爱国', '敬业', '诚信', '友善']  # 创建名为 list7 的列表
>>> list7                                      # 输出全部列表元素
['爱国', '敬业', '诚信', '友善']
>>> list7[0]                                   # 输出索引号为 0 的元素
'爱国'
>>> list7[-4]                                  # 输出索引号为 -4 的元素
'爱国'
>>> list7[5]                  # 输出索引号大于列表长度时，会引发 IndexError 异常
IndexError: list index out of range
# 输出索引号必须是整数或切片，不能是字符串，否则会引发 TypeError 异常
>>> list7['诚信']
TypeError: list indices must be integers or slices, not str
>>> list8 = [[1, 2, 3], ['A', 'B', 'C']]
                              # 创建名为 list8，且有两个子列表的列表
# 索引号为 1 的子列表是 ['A', 'B', 'C']，该子列表索引号为 2 的元素是 'C'
>>> list8[1][2]
'C'
```

【例 6.1】编写程序，输出列表 [['富强','民主','文明','和谐'], ['自由','平等','公正','法治'], ['爱国','敬业','诚信','友善']] 中的每个子列表和最后一个子列表中的最后一个元素。

示例代码如下所示。

```
longlist = [['富强', '民主', '文明', '和谐'], ['自由', '平等', '公正',
'法治'], ['爱国', '敬业', '诚信', '友善']]
for i in longlist:
    print(i)
print(longlist[-1][-1])
```

运行结果如下所示。

```
['富强', '民主', '文明', '和谐']
['自由', '平等', '公正', '法治']
['爱国', '敬业', '诚信', '友善']
友善
```

6.1.3 列表的切片

列表的切片操作也是访问列表元素的一种方法，该方法可以访问一定范围内的元素。切片操作的基本语法格式如下所示。

```
列表名[开始索引号:结束索引号:步长]
```

其中，开始索引号、结束索引号和步长由一对英文方括号括起来，三者之间用英文冒号进

行分隔。开始索引号是切片的开始索引位置，默认值由索引方向确定；结束索引号是切片的结束索引位置，默认值为列表的长度；切片步长为整数，默认值为 1。切片操作的结果遵循“左闭右开”原则，即开始索引号所指定位置的元素是包含在切片内的，而结束索引号所指定位置的元素不包含在切片内。示例代码如下所示。

```
>>> list9 = [0, 1, 2, 3, 4, 5, 6, 7, 8, 9]          # 创建名为 list9 的列表
>>> list9[0:9]  # 返回索引号位于 [0,9) 区间内的元素组成新列表
[0, 1, 2, 3, 4, 5, 6, 7, 8]
>>> list9[:]    # 等价于 list9[::] 或 list9[0:10:1]，返回原列表所有元素组成新列表
[0, 1, 2, 3, 4, 5, 6, 7, 8, 9]
>>> list9[5:]   # 等价于 list9[5:10:1]，返回从索引号 5 到末尾的所有元素组成新列表
[5, 6, 7, 8, 9]
>>> list9[:5]   # 等价于 list9[0:5:1]，返回索引号位于 [0,5) 区间内的元素组成新列表
[0, 1, 2, 3, 4]
>>> list9[5:5]  # 返回空列表
[ ]
```

当步长为正数时，切片操作称为正向切片，从左向右进行索引，结束索引号应大于开始索引号，否则切片的结果为空列表；当步长为负数时，切片操作称为反向切片，从右向左进行索引，结束索引号应小于开始索引号，否则切片的结果为空列表。示例代码如下所示。

```
>>> list9 = [0, 1, 2, 3, 4, 5, 6, 7, 8, 9]          # 创建名为 list9 的列表
>>> list9[::-1]            # 返回原列表所有元素的逆序组成新列表
[9, 8, 7, 6, 5, 4, 3, 2, 1, 0]
>>> list9[0:10:2]          # 正向切片，返回原列表中的偶数元素组成新列表
[0, 2, 4, 6, 8]
>>> list9[0:10:-2]         # 反向切片，结束索引号大于开始索引号，切片结果为空列表
[ ]
>>> list9[10:0:-3]         # 反向切片，返回原列表步长间隔为 -3 的元素组成新列表
[9, 6, 3]
>>> list9[10:0:3]          # 正向切片，结束索引号小于开始索引号，切片结果为空列表
[ ]
```

需要注意的是，在列表访问过程中，当索引号的绝对值大于列表长度时，会引发 IndexError 异常，提示列表索引超出范围。但在列表切片过程中，当开始索引号的绝对值或者结束索引号的绝对值大于列表长度时，不会引发 IndexError 异常。示例代码如下所示。

```
>>> list9 = [0, 1, 2, 3, 4, 5, 6, 7, 8, 9]          # 创建名为 list9 的列表
>>> list9[-15]    # 列表访问，索引号的绝对值大于列表长度时，会引发 IndexError 异常
IndexError: list index out of range
>>> list9[-15:10:2]        # 正向切片，开始索引号的绝对值大于列表长度
[0, 2, 4, 6, 8]
>>> list9[15:0:-2]         # 反向切片，开始索引号的绝对值大于列表长度
[9, 7, 5, 3, 1]
>>> list9[15::]            # 等价于 list9[15:10:1]，切片结果为空列表
[ ]
```

```
>>> list9[0:15:2]          # 正向切片，结束索引号的绝对值大于列表长度
[0, 2, 4, 6, 8]
>>> list9[10:-15:-2]       # 反向切片，结束索引号的绝对值大于列表长度
[9, 7, 5, 3, 1]
>>> list9[:-15:]           # 等价于 list9[0:-15:1]，切片结果为空列表
[ ]
```

【**例 6.2**】编写程序，对列表 list9 = [0, 1, 2, 3, 4, 5, 6, 7, 8, 9] 进行偶数元素和奇数元素切片的输出，并对切片后奇数元素进行求和运算。

示例代码如下所示。

```
list9 = [0, 1, 2, 3, 4, 5, 6, 7, 8, 9]
oushu = list9[0:10:2]          # 返回原列表中的偶数元素组成新列表
jishu = list9[1:10:2]          # 返回原列表中的奇数元素组成新列表
print ('Oushu qiepian is', oushu)
print ('Jishu qiepian is', jishu)
sum = 0
for i in jishu:
    sum = sum+i
print ('Jishu qiepian sum is', sum)
```

运行结果如下所示。

```
Oushu qiepian is [0, 2, 4, 6, 8]
Jishu qiepian is [1, 3, 5, 7, 9]
Jishu qiepian sum is 25
```

6.1.4 列表元素的增加

Python 中，常用的列表元素的增加方法有 append() 方法、extend() 方法和 insert() 方法。

1. append() 方法

append() 方法属于原地操作，即在列表尾部添加一个元素，不会产生新的列表，基本语法格式如下所示。

```
列表名 .append( 元素 )
```

append() 方法每次只能增加一个元素，此元素可以是数字、字符串、列表、元组、字典、集合等数据类型。示例代码如下所示。

```
>>> lista= ['黄山', '黄河', '长江']  # 创建名为 lista 的列表
>>> lista.append('长城')             # 在列表 lista 的尾部增加一个元素 '长城'
>>> lista
['黄山', '黄河', '长江', '长城']
>>> listb= [0, 1, 2, 3, 4, 5]        # 创建名为 listb 的列表
>>> listb.append([6,7])              # 在列表 listb 的尾部增加一个元素 [6,7]
>>> listb
[0, 1, 2, 3, 4, 5, [6, 7]]
# 在列表 listb 的尾部增加两个元素 6 和 7，会引发 TypeError 异常
```

```
>>> listb.append(6,7)
TypeError: list.append() takes exactly one argument (2 given)
```

2. extend() 方法

extend() 方法属于原地操作，即在列表尾部添加可迭代对象中的元素，不会产生新的列表，基本语法格式如下所示。

```
列表名 .extend( 可迭代对象 )
```

extend() 方法的参数是一个可迭代对象（如：字符串、列表、元组、字典、集合等数据类型）。若该可迭代对象为字典，则将字典中的所有键增加到原列表尾部。示例代码如下所示。

```
>>> listc= [0, 1, 2, 3, 4, 5]     # 创建名为 listc 的列表
>>> listc.extend ([6,7])          # 在列表 listc 的尾部增加可迭代对象中的元素
>>> listc
[0, 1, 2, 3, 4, 5, 6, 7]
# 在列表 listc 的尾部增加不可迭代的整数 1238，会引发 TypeError 异常
>>> listc.extend (1238)
TypeError: 'int' object is not iterable
# 在列表 listc 的尾部增加两个元素 8 和 9，会引发 TypeError 异常
>>> listc.extend (8,9)
TypeError: list.extend() takes exactly one argument (2 given)
# 在列表 listc 的尾部增加字典类型的可迭代对象
>>> listc.extend ({8: '捌',9: '玖' })
>>> listc
[0, 1, 2, 3, 4, 5, 6, 7, 8, 9]
```

3. insert() 方法

insert() 方法属于原地操作，是在列表指定位置之前插入一个元素，不会产生新的列表，基本语法格式如下所示。

```
列表名 .insert( 索引号 , 一个元素 )
```

其中，第一个参数是指定位置的索引号，第二个参数是被插入的元素。示例代码如下所示。

```
>>> listd= [0, 1, 3, 4, 5]      # 创建名为 listd 的列表
>>> listd.insert (2,2)          # 在索引号为 2 的指定位置之前插入元素 2
>>> listd
[0, 1, 2, 3, 4, 5]
>>> listd.insert (-1,6)         # 在索引号为 -1 的指定位置之前插入元素 6
>>> listd
[0, 1, 2, 3, 4, 6, 5]
```

当索引号为正数且大于列表长度时，在列表尾部增加一个元素；当索引号为负数且它的绝对值大于列表长度时，在列表头部增加一个元素。示例代码如下所示。

```
>>> liste= [0, 1, 2, 3, 4, 5] #创建名为 liste 的列表
>>> liste.insert (10, '6')     #索引号为正数且大于列表长度，在列表尾部增加元素 '6'
>>> liste
[0, 1, 2, 3, 4, 5, '6']
#索引号为负数且它的绝对值大于列表长度，在列表头部增加元素 {0}
>>> liste.insert (-10, {0})
>>> liste
[{0}, 0, 1, 2, 3, 4, 5, '6']
```

【例 6.3】我国是一个多民族融合的国家，姓氏是我们祖先遗留下来的文化瑰宝。据公安部发布的《二〇二〇年全国姓名报告》，按户籍人口数量排名，2020 年排名前八的姓氏为王、李、张、刘、陈、杨、黄、赵。编写程序，对列表 xingshi=['王','张','刘','陈'] 的元素进行增加操作，实现列表 xingshi 中的 8 个元素按户籍人口数量排名的顺序输出。

示例代码如下所示。

```
xingshi= ['王', '张', '刘', '陈']   #创建名为 xingshi 的列表
xingshi.insert(1, '李')              #在索引号为 1 的指定位置之前插入元素 '李'
xingshi.append('杨')                 #在列表 xingshi 的尾部增加一个元素 '杨'
xingshi.extend(['黄', '赵'])
#在列表 xingshi 的尾部增加可迭代对象 ['黄', '赵'] 中的元素
for i in xingshi:
    print(i,end=' ')
```

运行结果如下所示。

```
王 李 张 刘 陈 杨 黄 赵
```

6.1.5 列表元素的删除

列表元素的删除有很多方法，常用的有 del 命令、pop() 方法、remove() 方法和 clear() 方法。

1. del 命令

del 命令不但可以删除整个列表对象，还可以用索引模式从列表中删除指定位置的元素。该命令的基本语法格式如下所示。

```
del 列表名                    #删除整个列表对象
del 列表名 [索引号]           #索引模式删除列表中指定索引号的元素
```

示例代码如下所示。

```
>>> listA = ['A', 'B', 'C', 'D', 'E', 'F', 'G']   #创建名为 listA 的列表
>>> del listA[-1]          #删除列表索引号为 -1 的元素，即元素 'G'
>>> listA
['A', 'B', 'C', 'D', 'E', 'F']
>>> del listA[0:2]         #删除列表索引号为 0 和 1 的元素，即元素 'A' 和元素 'B'
>>> listA
['C', 'D', 'E', 'F']
```

```
>>> del listA[8]            # 删除列表索引号大于列表长度时，会引发 IndexError 异常
IndexError: list assignment index out of range
>>> del listA               # 删除整个列表对象
>>> listA                   # 列表 listA 已删除，不存在时会引发 NameError 异常
NameError: name 'listA' is not defined.
```

2. pop() 方法

pop() 方法可以从列表中删除并返回指定位置的元素，基本语法格式如下所示。

```
列表名 .pop([index])
```

其中，index 是可选参数，表示要删除元素的索引号。如果 index 省略，则默认删除列表中的最后一个元素并返回该元素。需要注意的是，已给定的列表不能是空列表。示例代码如下所示。

```
>>> listA = ['A', 'B', 'C', 'D', 'E', 'F', 'G']   # 创建名为 listA 的列表
>>> listA.pop()                  # 默认删除最后一个元素 'G'，并返回该值 'G'
'G'
>>> listA
['A', 'B', 'C', 'D', 'E', 'F']
>>> listA.pop(1)                 # 删除索引号为 1 的元素 'B'，并返回该值 'B'
'B'
>>> listA
['A', 'C', 'D', 'E', 'F']
>>> listA.pop(5)                 # 索引号超出索引范围，会引发 IndexError 异常
IndexError: pop index out of range
>>> listB = []                   # 创建名为 listB 的空列表
>>> listB.pop()                  # 空列表使用 pop() 方法，会引发 IndexError 异常
IndexError: pop from empty list
```

3. remove() 方法

remove() 方法可以从列表中删除匹配的第一个元素，基本语法格式如下所示。

```
列表名 .remove （元素）
```

remove() 方法的参数必须是列表的元素，使用时首先在列表中检索是否有匹配的元素，若找不到匹配的元素则引发 ValueError 异常。若存在多个匹配的元素，则只删除匹配的第一个元素。示例代码如下所示。

```
>>> listC = ['A', 'B', 'C', 'D', 'C', 'B', 'A']   # 创建名为 listC 的列表
>>> listC.remove ('E')           # 未匹配到元素 'E'，会引发 ValueError 异常
ValueError: list.remove(x): x not in list
>>> listC.remove ('A')           # 删除匹配到的第一个元素 'A'
>>> listC
['B', 'C', 'D', 'C', 'B', 'A']
```

4. clear() 方法

clear() 方法用于删除列表中的所有元素，只保留空列表对象，基本语法格式如下所示。

```
列表名 .clear()
```

clear() 方法不需要提供任何参数。示例代码如下所示。

```
>>> listC = ['A', 'B', 'C', 'D', 'C', 'B', 'A']    # 创建名为 listC 的列表
>>> listC.clear()                    # 删除列表 listC 中的所有元素，listC 变为空列表
>>> listC
[]
```

【例 6.4】《百家姓》中前八姓氏为赵、钱、孙、李、周、吴、郑、王。公安部发布的 2020 年前八姓氏为王、李、张、刘、陈、杨、黄、赵。要求根据《百家姓》的前八姓氏建立一个列表 xingshi1，对列表 xingshi1 的元素进行删除和增加操作，实现列表 xingshi1 中的 8 个元素按公安部发布的《二〇二〇年全国姓名报告》中前八姓氏的顺序输出。

示例代码如下所示。

```
# 创建名为 xingshi1 的列表
xingshi1= ['赵', '钱', '孙', '李','周', '吴', '郑', '王']
del xingshi1[0:6]                    # 删除列表索引号位于 [0,6) 区间内的元素
xingshi1.remove ('郑')               # 删除匹配到的第一个元素 '郑'
# 在列表 xingshi1 的尾部增加一个可迭代对象
xingshi1.extend(['李', '张', '刘', '陈','杨', '黄', '赵'])
for i in xingshi1:
print(i,end=' ')
```

运行结果如下所示。

```
王 李 张 刘 陈 杨 黄 赵
```

6.1.6 列表元素的修改

可以通过重新赋值来更改列表中某个元素的值。示例代码如下所示。

```
>>> listC = ['A', 'B', 'C', 'D', 'C', 'B', 'A']    # 创建名为 listC 的列表
>>> listC[-3]= 'E'                   # 将索引号为 -3 的元素值从 'C' 改为 'E'
>>> listC
['A', 'B', 'C', 'D', 'E', 'B', 'A']
>>> listC[10]= 'F'                   # 索引号超出索引范围，会引发 IndexError 异常
IndexError: list assignment index out of range
```

6.1.7 列表元素的索引和统计

1. 列表元素的索引号查询

针对列表中指定元素的索引号查询，可以使用 index() 方法来实现，基本语法格式如下所示。

```
列表名 .index( 元素 [, 开始索引号 [, 结束索引号 ]])
```

index() 方法可以从列表中找出与指定元素匹配的第一个元素的索引号。其中，开始索

引号是开始查找的索引位置，此参数可以不指定，默认为 0；结束索引号是结束查找的索引位置，此参数可以不指定，默认为列表的长度。示例代码如下所示。

```
>>> listC = ['A', 'B', 'C', 'D', 'C', 'B', 'A']   # 创建名为 listC 的列表
>>> listC.index('B')         # 在整个列表范围内查找与 'B' 匹配的第一个元素的索引号
1
# 在索引号为 [3,6) 的范围内查找与 'C' 匹配的第一个元素的索引号
>>> listC.index('C',3,6)
4
```

需要注意的是，如果找不到匹配的元素，则会引发 ValueError 异常。示例代码如下所示。

```
# 在索引号为 [3,6) 的范围内查找不到与 'A' 匹配的元素，会引发 ValueError 异常
>>> listC.index('A',3,6)
ValueError: 'A' is not in list
```

2. 列表元素出现次数统计

针对列表中指定元素出现次数的统计，可以使用 count() 方法来实现，基本语法格式如下所示。

```
列表名 .count( 元素 )
```

count() 方法用于统计某个元素在列表中出现的次数，返回值为一个整数。示例代码如下所示。

```
>>> listC = ['A', 'B', 'C', 'D', 'C', 'B', 'A']   # 创建名为 listC 的列表
>>> listC.count('A')             # 统计元素 'A' 在列表中出现的次数
2
>>> listC.count('E')             # 统计元素 'E' 在列表中出现的次数
0
```

6.1.8　列表元素的排序和反序

视频讲解

列表元素的排序通常使用 sort() 方法或内置的 sorted() 函数来实现；列表元素的反序通常使用 reverse() 方法或内置的 reversed() 函数来实现。

1. sort() 方法

sort() 方法用于将列表中的元素按照一定的规则进行排序，基本语法格式如下所示。

```
列表名 .sort(key = 函数名 , reverse = 逻辑值 )
```

其中，参数 key 用来标识一个函数对象作为排序的依据，如 str()、len()、max() 等函数，默认值为 None。参数 reverse 用来标识升序或降序的规则，其值为 True 或 False，其中 True 表示降序排列，False 表示升序排列，若参数省略则按 ASCII 码升序排列。该方法是一种原地操作方法，无返回值。示例代码如下所示。

```
>>> listD = ['AA', 'BBB', 'CCCC', 'D', 'C', 'B', 'A'] # 创建名为 listD 的列表
>>> listD.sort()                                      # 默认排序
```

```
>>> listD
['A', 'AA', 'B', 'BBB', 'C', 'CCCC', 'D']
>>> listD.sort(reverse=True )                          # 降序排列
>>> listD
['D', 'CCCC', 'C', 'BBB', 'B', 'AA', 'A']
>>> listD.sort(key=len, reverse=True )                 # 按字符串的长度降序排列
>>> listD
['CCCC', 'BBB', 'AA', 'D', 'C', 'B', 'A']
```

2. sorted() 函数

内置函数 sorted() 同样用于将列表中的元素按照一定的规则进行排序，基本语法格式如下所示。

```
sorted(列表名 , key = 函数名 , reverse = 逻辑值 )
```

sorted() 函数中的列表名不可省略，参数 key 和 reverse 的用法与 sort() 方法中的相关参数用法相同。该函数进行异地操作，返回一个新的列表对象。示例代码如下所示。

```
>>> old = [-5, 0,16, 18, -10,99,60] # 创建名为 old 的列表
>>> new=sorted(old)                 # 新列表默认排序
>>> new
[-10, -5, 0, 16, 18, 60, 99]
>>> old                             # sorted() 函数不改变原列表元素的排列顺序
[-5, 0, 16, 18, -10, 99, 60]
```

3. reverse() 方法

reverse() 方法用于将列表中的元素按照相反的顺序重新排列，基本语法格式如下所示。

```
列表名 .reverse()
```

reverse() 方法不需要参数，是一种原地操作方法，无返回值。示例代码如下所示。

```
>>> listD = ['AA', 'BBB', 'CCCC', 'D', 'C', 'B', 'A']  # 创建名为 listD 的列表
>>> listD. reverse ()           # 列表 listD 中的元素按照相反的顺序重新排列
>>> listD
['A', 'B', 'C', 'D', 'CCCC', 'BBB', 'AA']
```

4. reversed() 函数

内置函数 reversed() 同样用于将列表中的元素按照相反的顺序重新排列，生成一个列表对象，基本语法格式如下所示。

```
reversed （列表名）
```

reversed() 函数生成的列表对象，需要借助 list() 函数查看列表的逆序结果，是一种异地操作方法。另外，该函数的功能也适用于元组数据类型。示例代码如下所示。

```
>>> old = [-5, 0,16, 18, -10,99,60]  # 创建名为 old 的列表
>>> new = list(reversed(old))        # 对列表 ord 逆序，生成新列表 new
>>> new
[60, 99, -10, 18, 16, 0, -5]
```

```
>>> new1 = tuple(reversed(old))       # 对列表 ord 逆序，生成新元组 new1
>>> new1
(60, 99, -10, 18, 16, 0, -5)
>>> old                               # reversed() 函数不改变原列表元素的排列顺序
[-5, 0, 16, 18, -10, 99, 60]
```

【例 6.5】编写程序，通过键盘输入一系列整数。若输入的数字不为 0，则将该数字加入新建的空列表；若输入的数字为 0，则输入操作结束。输入操作结束后，将列表中的元素按从大到小的顺序输出。

示例代码如下所示。

```
lst = []                                   # 创建空列表
num = eval(input("请输入一个整数："))    # 输入整数赋给变量 num
while num!=0:                 # 输入数据不为 0 则加入列表 lst，输入数据为 0 结束循环
    lst.append(num)
    num=eval(input("请输入一个整数："))
lst.sort(reverse = True)                   # 列表 lst 降序排列
print("列表元素从大到小顺序输出为：",end=" ")
for i in lst:                              # 遍历列表元素，输出在一行上
    print(i,end=" ")
```

运行程序，代码如下所示。

```
请输入一个整数：12 ↙
请输入一个整数：10 ↙
请输入一个整数：55 ↙
请输入一个整数：100 ↙
请输入一个整数：4 ↙
请输入一个整数：16 ↙
请输入一个整数：0 ↙
```

运行结果如下所示。

```
列表元素从大到小顺序输出为：100 55 16 12 10 4
```

6.1.9　列表的其他操作

列表的其他操作还包括使用内置函数返回列表的长度、列表元素的极值、列表元素的累加和以及利用成员运算符进行成员关系的判断等，这些操作已经在第 2 章的相关章节给出了介绍，这里不再举例。本小节以示例方式再介绍几个利用加法、乘法和关系运算符，分别对列表进行合并、重复以及大小比较的操作方法。

1. 列表合并

多个列表可以通过运算符“+”的方法合并成新列表，而原列表保持不变。示例代码如下所示。

```
>>> old1 = [0, 1, 2, 3]          # 创建名为 old1 的列表
>>> old2 = [4, 5, 6, 7]          # 创建名为 old2 的列表
>>> new = old1+old2              # 生成新列表 new
```

```
>>> new
[0, 1, 2, 3, 4, 5, 6, 7]
>>> old1
[0, 1, 2, 3]
>>> old2
[4, 5, 6, 7]
```

2. 列表重复

列表可以通过“*”运算符乘以正整数的方法异地实现列表元素重复的操作，而原列表保持不变。示例代码如下所示。

```
>>> old1 = [0, 1, 2, 3]          # 创建名为 old1 的列表
>>> old2 = [4, 5, 6, 7]          # 创建名为 old2 的列表
>>> new1=old1*2                  # 生成新列表 new1
>>> new1
[0, 1, 2, 3, 0, 1, 2, 3]
>>> new2=2*old2                  # 生成新列表 new2
>>> new2
[4, 5, 6, 7, 4, 5, 6, 7]
>>> old1
[0, 1, 2, 3]
>>> old2
[4, 5, 6, 7]
```

3. 列表比较

两个列表可以通过运算符：<、<=、==、!=、>=、> 进行大小比较。数值类型元素按对应位置的数值大小比较；字符串类型元素按字符串对应位置元素的 Unicode 码值比较；返回的结果为逻辑值 True 或 False。如果列表中对应位置的元素为数值类型和字符串类型，则不支持比较大小。示例代码如下所示。

```
>>> s1=[5,2,3]
>>> s2=[3,2,1,5]
>>> s1>s2
True
>>> s3=['az','bcd','f']
>>> s4=['za','bcd']
>>> s3>s4
False
>>> s5=["爱我","祖国"]            #ord("爱")得到Unicode码值为29233
>>> s6=["祖国","富强"]            #ord("祖")得到Unicode码值为31062
>>> s5<s6
True
>>> s1<s3                        # 对应元素数据类型不同
TypeError: '<' not supported between instances of 'int' and 'str'
```

【例 6.6】已知列表 list9 = [0, 1, 2, 3, 4, 5, 6, 7, 8, 9]，编写程序，使用 index() 方法进行列表元素索引号的查询。

对问题进行分析，考虑到输入元素时，如果找不到匹配的元素，解释器会引发异常，这时可以先使用 count() 方法进行返回值的判断，以避免解释器引发异常。示例代码如下所示。

```
i=int(input("请输入一个整数："))
list9 = [0, 1, 2, 3, 4, 5, 6, 7, 8, 9]
if list9.count (i)> 0:
    print("元素 %d 在列表 list9 中的索引号是：%d。"%(i,list9.index(i)))
else:
    print("在列表 list9 中不存在元素 %d。"%i)
```

运行程序，代码如下所示。

```
请输入一个整数：6 ↙
```

运行结果如下所示。

```
元素 6 在列表 list9 中的索引号是：6。
```

再次运行程序，代码如下所示。

```
请输入一个整数：16 ↙
```

运行结果如下所示。

```
在列表 list9 中不存在元素 16。
```

该示例也可以使用成员关系运算符配合 index() 方法进行列表元素索引号的查询，以避免解释器引发异常。示例代码如下所示。

```
i=int(input("请输入一个整数："))
list9 = [0, 1, 2, 3, 4, 5, 6, 7, 8, 9]
if i in list9:
    print("元素 %d 在列表 list9 中的索引号是：%d。"%(i,list9.index(i)))
else:
    print("列表 list9 中不存在元素 %d。"%i)
```

运行程序，代码如下所示。

```
请输入一个整数：8 ↙
```

运行结果如下所示。

```
元素 8 在列表 list9 中的索引号是：8。
```

再次运行程序，代码如下所示。

```
请输入一个整数：100 ↙
```

运行结果如下所示。

```
列表 list9 中不存在元素 100。
```

视频讲解

6.2 元组

元组是一种不可变的有序序列，由一对英文圆括号括起来的多个数据元素构成，元素之间用英文逗号进行分隔。元组的操作和列表的操作有相似之处，但也有不同之处：列表可以通过增加、删除、修改等操作，对其中的元素进行更改；而元组一旦创建，其中的元素就不能再更改。

6.2.1 元组的创建

在 Python 中，元组的创建方法可以分为两种。

1. 赋值法

使用“=”运算符直接将一个可迭代序列赋值给元组名，即完成了元组的创建，基本语法格式如下所示。

```
元组名 = (可迭代序列)
```

其中，元组名可以是任何符合 Python 语法命名规则的标识符。示例代码如下所示。

```
>>> tuple1 = ()                        # 创建名为 tuple1 的空元组
>>> tuple2 = (1, '1', [1], {1}) # 创建名为 tuple2，含有 4 个不同数据类型元素的元组
```

需要注意的是，当创建的元组只有 1 个元素时，该元素后面的逗号不能省略。另外，创建元组时，英文圆括号可以省略。示例代码如下所示。

```
>>> tuple3 = (6,)                      # 元组只有 1 个元素 6，6 后面的逗号不能省略
>>> tuple3
(6,)
>>> tuple3_1 = (1)                     # 元素后面若不加逗号时，等价于 tuple3_1=1
>>> tuple3_1
1
>>> tuple4 = 1, '2', [3], {4}   # 创建元组 tuple4 时，英文圆括号可以省略
>>> tuple4
(1, '2', [3], {4})
```

2. 函数法

使用内置函数 tuple() 进行元组的创建，基本语法格式如下所示。

```
元组名 = tuple(可迭代对象)
```

tuple() 函数用于将一个可迭代对象（如元组、字符串或其他可迭代的数据结构）转换为元组。其中，函数的参数为一个可迭代对象，元组名可以是任何符合 Python 语法命名规则的标识符。示例代码如下所示。

```
>>> tuple5 = tuple()                  # 创建名为 tuple5 的空元组
>>> tuple6 = tuple( 'CHINA')     # 等价于 tuple6 = ('C', 'H', 'I', 'N', 'A')
>>> tuple7 = tuple( range(0, 10, 3))    # 等价于 tuple7 = (0, 3, 6, 9)
```

6.2.2　元组的访问

与字符串或列表元素的访问方法类似，元组也可以使用索引方法来访问其中的元素。在元组的访问过程中，可以使用元组名输出全部元组元素，也可以使用元组索引的方法输出指定的元素或使用元组切片的方法输出部分元素。该方法的基本语法格式如下所示。

```
元组名 [ 索引号 ]
元组名 [ 开始索引号 : 结束索引号 : 步长 ]
```

示例代码如下所示。

```
>>> tuple8 = ('爱国','敬业','诚信', '友善')  # 创建名为 tuple8 的元组
>>> tuple8                               # 输出全部元组元素
('爱国', '敬业', '诚信', '友善')
>>> tuple8[0]                            # 输出索引号为 0 的元素
'爱国'
>>> tuple8[-4]                           # 输出索引号为 -4 的元素
'爱国'
>>> tuple8[0:1]                          # 输出索引号位于 [0,1) 区间内的元素
('爱国',)
>>> tuple8 [2:2]                         # 输出空元组
()
# 创建名为 tuple9，且含有 2 个列表元素的元组
>>> tuple9 = ([1,2,3],['A', 'B', 'C'])
>>> tuple9[1][2]
# 第一个索引号表示元组中元素 ['A', 'B', 'C'] 的索引号
# 第二个索引号表示列表 ['A', 'B', 'C'] 内部的索引号
'C'
```

该示例中，元组 tuple9 中的元素为组合数据类型，访问元组中组合数据类型内部的元素需要使用两个索引号来实现。

6.2.3　元组的删除

元组创建后，由于元组类型数据的不可变特性，元组中的元素不能被删除，但是可以用 del 命令删除整个元组对象。该命令的基本语法格式如下所示。

```
del 元组名
```

示例代码如下所示。

```
>>> tuple4 = (1, '2', [3], {4})      # 创建名为 tuple4 的元组
>>> del tuple4                 # 删除整个元组对象
>>> tuple4                     # 元组 tuple4 已删除，解释器会引发 NameError 异常
NameError: name 'tuple4' is not defined.
```

需要注意的是，虽然元组是一种不可变的数据类型，但是当元组中有可变数据类型的元素时，可以对该元素的值进行增加、修改和删除操作，而该元组的存储地址不会发生改变。

```
>>> tuple4 = (1, '2', [3], {4})      # 创建名为 tuple4 的元组
>>> id(tuple4)                       # 查看元组 tuple4 内存地址
```

```
1776746393136
>>> tuple4[2].append(4)      #元组tuple4索引号为2的元素，即列表[3]变为[3, 4]
>>> tuple4
(1, '2', [3, 4], {4})
>>> id(tuple4)               #查看元组 tuple4 内存地址
1776746393136
```

【例 6.7】公民身份号码是每个公民唯一的、终身不变的身份代码。编写程序，通过元组的操作判断公民身份号码是否有效。判断方法为将 18 位身份号码的前 17 位一一对应乘以不同的系数：7、9、10、5、8、4、2、1、6、3、7、9、10、5、8、4、2，再将相乘后的结果相加，用相加数的结果对 11 进行求余运算，若余数为 0～10 且对应身份号码最末尾的验证码：1、0、X、9、8、7、6、5、4、3、2，其中 X 是罗马数字 10，则公民身份号码为有效号码。

示例代码如下所示。

```
factor=(7, 9, 10, 5, 8, 4, 2, 1, 6, 3, 7, 9, 10, 5, 8, 4, 2)
valid=('1', '0', 'X', '9', '8', '7', '6', '5', '4', '3', '2')
idcode=input('请输入公民身份号码（输入"退出"终止程序）：')
while idcode !="退出":
    s=0
    for i in range(17):
        s=s+int(idcode[i])*factor[i]
    if valid[s%11]==idcode[17]:
        print("\t该公民身份号码有效！")
    else:
        print(f"\t该公民身份号码无效，请重新输入！")
    idcode=input("请输入公民身份号码：")
```

运行结果如下所示。

```
请输入公民身份号码（输入"退出"终止程序）：220200202202220202
该公民身份号码有效！
请输入公民身份号码：220200202202220222
该公民身份号码无效，请重新输入！
请输入公民身份号码（输入"退出"终止程序）：退出
```

视频讲解

6.3 字典

字典是一种可变的、无序的数据类型，有关其概念的描述参见 2.3.7 节。本节主要介绍字典的创建、字典元素的访问以及一些相关的操作方法。

6.3.1 字典的创建

在 Python 中，字典的创建方法可以分为两种。

1. 赋值法

使用“=”运算符直接将一个可迭代键值对序列赋值给字典名，即完成了字典的创建，基本语法格式如下所示。

```
字典名 = {键1:值1, 键2:值2, 键3:值3, ……}
```

其中，字典名可以是任何符合Python语法命名规则的标识符。键值对序列中的每个元素都由以冒号分隔的键：值两部分构成，元素1对应键1：值1，元素2对应键2：值2等，以此类推。

示例代码如下所示。

```
>>> dict1 = {}                    # 创建名为dict1的空字典
>>> dict2 = {'内蒙古': '呼和浩特', '西藏': '拉萨', '新疆': '乌鲁木齐',
'宁夏': '银川', '广西': '南宁'}
# 创建名为dict2且含有5个元素的字典
>>> dict3 = {1: 'one', 2: 'two', 3: 'three'}
# 创建名为dict3且含有3个元素的字典
```

2. 函数法

使用内置函数dict()进行字典的创建，基本语法格式如下所示。

```
字典名 = dict(键1=值1, 键2=值2, 键3=值3,…)
```

其中，每个元素都以“=”运算符分隔。字典名可以是任何符合Python语法命名规则的标识。示例代码如下所示。

```
>>> dict4 = dict()                # 创建名为dict4的空字典
>>> dict5 = dict(北京='京', 天津='津', 上海='沪', 重庆='渝')
# 创建名为dict5且含有4个元素的字典
>>> dict5
{'北京': '京', '天津': '津', '上海': '沪', '重庆': '渝'}
```

另外，使用dict()函数创建字典，还有一些其他的常用方法。示例代码如下所示。

```
>>> # 根据列表构建字典
>>> dict6 = dict([['北京', '京'], ['天津', '津'], ['上海', '沪'],
['重庆', '渝']])
>>> dict6
{'北京': '京', '天津': '津', '上海': '沪', '重庆': '渝'}
>>> # 根据元组构建字典
>>> dict7 = dict((('北京', '京'), ('天津', '津'), ('上海', '沪'),
('重庆', '渝')))
>>> dict7
{'北京': '京', '天津': '津', '上海': '沪', '重庆': '渝'}
>>> keys = ['北京', '天津', '上海', '重庆']         # 构建字典中键的信息
>>> values = ['京', '津', '沪', '渝']               # 构建字典中值的信息
>>> dict8 = dict(zip(keys,values))                 # 根据zip()函数构建字典
>>> dict8
{'北京': '京', '天津': '津', '上海': '沪', '重庆': '渝'}
```

6.3.2 字典元素的访问

字典属于无序的数据类型，并且字典的每个元素是由键和值两部分组成的，根据实

际情况的需要，访问字典元素的键、值信息时，主要有 5 种方法。下面以前面构建的字典 dict5 为例分别予以介绍。

（1）利用字典的键作为索引访问值信息，基本语法格式如下所示。

```
字典名[键名]
```

该方法通过键值对的映射关系，查找与键信息相对应的值信息。若键信息存在，则返回与之对应的值信息；若键信息不存在，则解释器会引发 KeyError 异常。示例代码如下所示。

```
>>> dict5 = dict(北京='京', 天津='津', 上海='沪', 重庆='渝')
>>> dict5['重庆']                    # 键信息存在，返回对应值信息
'渝'
>>> dict5['宁夏']                    # 键信息不存在，会引发 KeyError 异常
KeyError: '宁夏'
```

（2）利用字典对象的 get() 方法访问值信息，基本语法格式如下所示。

```
字典名.get(key, default=None)
```

其中，参数 key 表示字典的键，参数 default 表示用户设置的值。在访问过程中，若键信息存在，则返回与之对应的值信息；若键信息不存在，则返回用户设置的值，默认为 None。示例代码如下所示。

```
>>> dict5 = dict(北京='京', 天津='津', 上海='沪', 重庆='渝')
>>> dict5.get('上海')               # 键信息存在，返回对应值信息
'沪'
>>> dict5.get('宁夏')
>>> print(dict5.get('宁夏'))        # 键信息不存在，返回默认值 None
None
>>> dict5.get('宁夏','宁')          # 键信息不存在，返回设置值 '宁'
'宁'
```

（3）利用字典对象的 keys() 方法，访问字典中所有键的信息，基本语法格式如下所示。

```
字典名.keys()
```

keys() 方法不需要指定参数，返回字典中所有键的信息。示例代码如下所示。

```
>>> dict5 = dict(北京='京', 天津='津', 上海='沪', 重庆='渝')
>>> dict5.keys()                     # 访问字典中所有键的信息
dict_keys(['北京', '天津', '上海', '重庆'])
```

（4）利用字典对象的 values() 方法，访问字典中所有值的信息，基本语法格式如下所示。

```
字典名.values()
```

values() 方法不需要指定参数，返回字典中所有值的信息。示例代码如下所示。

```
>>> dict5 = dict(北京='京', 天津='津', 上海='沪', 重庆='渝')
>>> dict5.values()              # 访问字典中所有值的信息
dict_values(['京', '津', '沪', '渝'])
```

（5）利用字典对象的 items() 方法，访问字典中所有键值对的信息，基本语法格式如下所示。

```
字典名.items()
```

items() 方法不需要指定参数，返回字典中所有键值对的信息。示例代码如下所示。

```
>>> dict5 = dict(北京='京', 天津='津', 上海='沪', 重庆='渝')
>>> dict5.items()               # 访问字典中所有的键值对信息
dict_items([('北京', '京'), ('天津', '津'), ('上海', '沪'), ('重庆', '渝')])
```

【例 6.8】编写程序，使用循环语句遍历 dict6=dict（[['北京', '京'], ['天津', '津'], ['上海', '沪'], ['重庆', '渝']]）中的键信息、值信息和键值对信息。

示例代码如下所示。

```
dict6 = dict([['北京', '京'], ['天津', '津'], ['上海', '沪'], ['重庆', '渝']])
for i in dict6:                 # 默认遍历字典的键信息
    print(i, end=' ')
print()
for key in dict6.keys():        # 遍历字典的键信息
    print(key, end=' ')
print()
for value in dict6.values():    # 遍历字典的值信息
    print(value, end=' ')
print()
for item in dict6.items():      # 遍历字典的键值对信息
    print(item, end=' ')
```

运行结果如下所示。

```
北京 天津 上海 重庆
北京 天津 上海 重庆
京 津 沪 渝
('北京', '京') ('天津', '津') ('上海', '沪') ('重庆', '渝')
```

6.3.3　字典元素的修改与增加

1. 索引模式

利用对象名的索引模式修改或增加字典元素，基本语法格式如下所示。

```
字典名['键']= '值'
```

在已创建的字典中，若指定的键信息存在，则修改该键的值为新指定的值信息；若指定的键信息不存在，则在字典中增加新指定的键值对信息。需要注意的是，字典类型必须以键为索引进行赋值操作。示例代码如下所示。

```
>>> dict7 = {'陕西': '陕', '甘肃': '陇', '四川': '川', '贵州': '贵'}
>>> dict7['甘肃'] = '甘'        # 修改已存在的键'甘肃'的值为'甘'
>>> dict7
{'陕西': '陕', '甘肃': '甘', '四川': '川', '贵州': '贵'}
>>> dict7['云南'] = '云'        # 增加新的键值对信息
>>> dict7
{'陕西': '陕', '甘肃': '甘', '四川': '川', '贵州': '贵', '云南': '云'}
```

2. setdefault() 方法

使用 setdefault() 方法修改或增加字典元素，基本语法格式如下所示。

```
字典名.setdefault(key, default=None)
```

其中，参数 key 表示字典的键，参数 default 表示用户设置的值。若键信息存在，则返回与之对应的值信息；若键信息不存在，则返回用户设置的值，默认为 None。示例代码如下所示。

```
>>> dict8 = {'河北': '冀', '河南': '豫', '湖北': '鄂'}
>>> dict8.setdefault('湖北')          # 键信息存在，返回与之对应的值信息
'鄂'
>>> dict8.setdefault('湖南')          # 键信息不存在，返回默认值 None
>>> dict8
{'河北': '冀', '河南': '豫', '湖北': '鄂', '湖南': None}
>>> dict8['湖南'] = '湘'              # 修改已存在的键值对信息
>>> dict8
{'河北': '冀', '河南': '豫', '湖北': '鄂', '湖南': '湘'}
>>> dict8.setdefault('山西', '晋')    # 键信息不存在，返回设置值'晋'
'晋'
>>> dict8
{'河北': '冀', '河南': '豫', '湖北': '鄂', '湖南': '湘', '山西': '晋'}
```

3. update() 方法

使用 update() 增加字典元素，基本语法格式如下所示。

```
字典名.update({'键1': '值1', '键2': '值2', …})
```

update() 方法的参数为一个新指定的字典，可以批量地将新字典元素增加到已知字典中。如果两个字典中有相同的键，则以新字典的值替换已知字典的值。示例代码如下所示。

```
>>> dict9 ={'河北': '冀', '河南': '豫', '湖北': '鄂', '湖南': None}
>>> dict9.update({'湖南': '湘'}) # 键信息'湖南'相同时，以值'湘'替换值 None
>>> dict9
{'河北': '冀', '河南': '豫', '湖北': '鄂', '湖南': '湘'}
>>> dict9.update({'山西': '晋','山东': '鲁'})    # 批量添加字典元素
>>> dict9
{'河北': '冀', '河南': '豫', '湖北': '鄂', '湖南': '湘', '山西': '晋',
'山东': '鲁'}
```

6.3.4 字典元素的删除

字典元素的删除可以使用 del 命令，也可以使用 pop() 方法或 clear() 方法。

1. del 命令

del 命令不但可以删除字典中指定的键所对应的元素，也可以删除整个字典对象，基本语法格式如下所示。

```
del 字典名['键']
```

del 命令属于原地操作，它利用字典的索引模式，删除键对应的元素。省略索引模式时，则删除整个字典对象。示例代码如下所示。

```
>>> dict10 = {'河北': '冀', '河南': '豫', '湖北': '鄂', '湖南': '湘',
'山西': '晋', '山东': '鲁'}
>>> del dict10['山东']          # 删除键'山东'所对应的元素
>>> dict10
{'河北': '冀', '河南': '豫', '湖北': '鄂', '湖南': '湘', '山西': '晋'}
>>> del dict10['宁夏']          # 删除的键信息不存在，会引发 KeyError 异常
KeyError: '宁夏'
>>> del dict10                  # 删除字典 dict10
>>> dict10                      # 再次访问 dict10，会引发 NameError 异常
NameError: name 'dict10' is not defined.
```

2. pop() 方法

pop() 方法可以删除字典中指定键所对应的元素，基本语法格式如下所示。

```
字典名.pop(index)
```

pop() 方法用于删除字典元素时，index 是必选参数，表示要移除元素的键，返回结果为该键所对应的值。如果未指定参数 index 或指定的 index 不在字典中，则会引发 TypeError 异常或 KeyError 异常。示例代码如下所示。

```
>>> dict11 = {'河北': '冀', '河南': '豫', '湖北': '鄂', '湖南': '湘',
'山西': '晋', '山东': '鲁'}
>>> dict11.pop('山东')        # 删除指定键'山东'所对应的元素，并返回对应的值'鲁'
'鲁'
>>> dict11.pop('宁夏')        # 删除的指定键不存在，会引发 KeyError 异常
KeyError: '宁夏'
```

3. clear() 方法

clear() 方法用于清除字典中的所有元素，使其变成一个空字典。示例代码如下所示。

```
>>> dict12 = {'河北': '冀', '河南': '豫', '湖北': '鄂', '湖南': '湘',
'山西': '晋', '山东': '鲁'}
>>> dict12.clear()              # 删除字典中的所有元素，使其变成一个空字典
>>> dict12
{}
```

【例 6.9】在定义好的字典 tele={'诈骗': ['12321'], '公安报警': ['110'], '火警': ['119'], '急救': ['120'], '交警': ['122']} 里有一些急救需求及其对应的电话号码。编写程序，请输入一个急救需求，在字典里查找对应的电话号码。如果找到，将急救需求和对应的电话号码输出；如果找不到，则显示“对不起，您输入的急救需求电话未录入。”

示例代码如下所示。

```
tele = {'诈骗': ['12321'], '公安报警': ['110'], '火警': ['119'], '急救':
['120'], '交警': ['122']}
name = input('请输入您的急救需求:')
if name in tele:
    print(name, tele[name][0])
else:
    print('对不起，您输入的急救需求电话未录入。')
```

运行结果如下所示。

```
请输入您的急救需求:诈骗
诈骗 12321
请输入您的急救需求:急救电话
对不起，您输入的急救需求电话未录入。
```

6.4 集合

集合是一种可变的无序序列，由一对英文花括号括起来的不重复的元素构成，元素之间用英文逗号进行分隔。元素类型只能是数字、字符串、元组等不可变类型数据，不能是列表、字典、集合等可变类型数据。

6.4.1 集合的创建

在 Python 中，集合的创建方法可以分为两种。

1. 赋值法

使用“=”运算符直接将可迭代序列赋值给集合名，基本语法格式如下所示。

```
集合名 = {可迭代序列}
```

集合名可以是任何符合 Python 语法命名规则的标识符，可迭代序列中若有重复的元素，输出时会被自动剔除，只保留一个。示例代码如下所示。

```
>>> set1 = {1, '2', 3.0, (4,5)}          # 创建名为 set1 的集合
>>> set1
{1, 3.0, (4,5), '2'}                     # 集合的输出顺序与定义顺序可以不一致
>>> set2 = {1,1, '2', 3.0, (4,5)}
>>> set2
{1, 3.0, (4,5), '2'}                     # 集合输出时会剔除重复元素
>>> set3 = {1, [1], '2', 3.0, (4,5)}
```

```
# 元素类型中有可变类型数据，会引发 TypeError 异常
TypeError: unhashable type: 'list'
```

2. 函数法

使用内置函数 set() 进行集合的创建，基本语法格式如下所示。

```
集合名 = set(可迭代对象)
```

集合名可以是任何符合 Python 语法命名规则的标识符，set() 函数的参数必须是不可变数据类型的可迭代对象，可迭代对象中若有重复的元素，输出时会被自动剔除，只保留一个。示例代码如下所示。

```
>>> set4 = set()                     # 创建名为 set4 的空集合
>>> set5 = set('I LOVE CHINA')       # 创建名为 set5 的集合，输出时会剔除重复元素
>>> set5
{'I', 'O', ' ', 'C', 'H', 'V', 'E', 'N', 'L', 'A'}
>>> set6 = set(range(0, 10, 3))      # 创建名为 set6 的集合
>>> set6
{0, 9, 3, 6}
```

需要注意的是，空集合使用 set() 函数来创建。如果使用“{ }”创建，Python 解释器将其解释为一个空字典。

6.4.2 集合元素的增加与删除

视频讲解

由于集合元素是无序的序列，所以集合中的元素不能使用索引方式进行访问，只能通过迭代的方式来访问集合中的元素。对于集合元素的增加与删除操作，Python 中通常采用特定对象的一些方法来实现。

1. 集合元素的增加

集合元素的增加，常用方法有 add() 方法和 update() 方法。其中，add() 方法可以向集合中增加一个元素，若增加的元素为集合中已有的元素，则增加的操作自动忽略；update() 方法可以将参数中的集合合并到已给定的集合中，重复元素只保留一个。示例代码如下所示。

```
>>> set1 = {1, '2', 3.0, (4, 5)}    # 创建名为 set1 的集合
>>> set1.add(1)                      # 增加集合中已有的元素 1，增加的操作自动忽略
>>> set1
{1, 3.0, (4, 5), '2'}
>>> set1.add('1')                    # 集合中增加元素 '1'
>>> set1
{1, 3.0, (4,5), '2', '1'}
>>> set1.update({1, '6',(7, 8)})
# 将参数中的集合合并到 set1 集合中，重复元素只保留一个
>>> set1
{1, (4, 5), 3.0, '2', '1', '6', (7, 8)}
```

2. 集合元素的删除

集合元素的删除，常用方法有 pop() 方法、remove() 方法、discard() 方法和 clear() 方法。其中，pop() 方法可以从集合中随机删除一个元素并返回该元素；remove() 方法可以从集合中删除指定元素，若元素不存在则引发 KeyError 异常；discard() 方法可以从集合中删除指定元素，元素不存在也不会引发 KeyError 异常；clear() 方法用于清除集合中的所有元素，使得该集合变为空集合。示例代码如下所示。

```
>>> set1 = {1, '2', 3.0, (4, 5)}     # 创建名为 set1 的集合
>>> set1.pop(1)             # pop() 方法利用索引删除集合元素，会引发 TypeError 异常
TypeError: set.pop() takes no arguments (1 given)
>>> set1.pop()              # pop() 方法从集合中随机删除并返回一个元素
1
>>> set1
{(4, 5), 3.0, '2'}
>>> set1.remove(2)
# remove() 方法从集合中删除指定元素 2，该元素不存在则引发 KeyError 异常
KeyError: 2
>>> set1.discard(2)
# discard() 方法从集合中删除指定元素 2，该元素不存在不会引发异常
>>> set1.discard('2')    # discard() 方法从集合中删除指定元素 '2'
>>> set1
{(4, 5), 3.0}
>>> set1.clear()            # clear() 方法清除集合中的所有元素，使集合变为空集合
>>> set1
set()
```

另外，使用 del 命令可以删除集合对象，但不能用于删除其中的元素。示例代码如下所示。

```
>>> set1 = {1, '2', 3.0, (4, 5)} # 创建名为 set1 的集合
>>> del set1[1]                  # 删除集合中的元素 1，会引发 TypeError 异常
TypeError: 'set' object doesn't support item deletion
>>> del set1                     # 删除集合 set1
>>> set1                         # 访问已删除的集合，会引发 NameError 异常
NameError: name 'set1' is not defined.
```

6.4.3 集合的运算

常用的集合运算有并集、交集、差集、补集，相对应的运算符分别为“|”“&”“-”“^”。

例如，用 A 和 B 分别表示两个集合对象，则 A|B 表示并集运算，即创建了一个新的集合，该集合元素由两个集合中的元素所构成，重复元素只保留一个。A&B 表示交集运算，即创建一个新的集合，该集合元素由两个集合中的公共元素所构成。A-B 表示差集运算，即创建一个新的集合，该集合元素由出现在集合 A 中但不出现在集合 B 中的元素所构成。A^B 表示补集运算，即创建一个新的集合，该集合元素由两个集合中不重叠的元素所构成。示例代码如下所示。

```
>>> setA = {1, 2, 3, 4}          # 创建名为 setA 的集合
>>> setB = {3, 4, 5, 6}          # 创建名为 setB 的集合
>>> setA | setB                  # setA 与 setB 的并集
{1, 2, 3, 4, 5, 6}
>>> setA & setB                  # setA 与 setB 的交集
{3, 4}
>>> setA - setB                  # setA 与 setB 的差集
{1, 2}
>>> setA ^ setB                  # setA 与 setB 的补集
{1, 2, 5, 6}
```

【例 6.10】编写程序，随机生成 20 个 1～9 的整数作为列表的元素，要求去除重复元素后从大到小排序输出列表。

可以先导入 random 模块，再利用 random 模块中的 randint（min，max）函数每次生成一个位于 [min，max] 区间内的随机整数。

示例代码如下所示。

```
import random
nums = list()                      # 新建一个空列表
for i in range(20):                # 循环 20 次
    n = random.randint(1, 9)       # 每次随机生成 1 ～ 9 的整数
    nums.append(n)                 # 每次随机生成的整数增加到列表 nums 中
print('生成 20 个 1 ～ 9 的随机整数：', nums)
new_nums = list(set(nums))         # 先利用集合的特点去重，然后再转换为列表
print('去重后从大到小排序：', sorted(new_nums, reverse=True))
# 去重后的列表从大到小排序
```

运行结果如下所示。

```
生成 20 个 1 ～ 9 的随机整数：[3, 6, 7, 2, 6, 7, 4, 6, 1, 5, 1, 7, 5, 3, 8,
1, 8, 4, 5, 2]
去重后从大到小排序：[8, 7, 6, 5, 4, 3, 2, 1]
```

小结

本章介绍了列表、元组、字典和集合的相关知识。列表的相关知识中包括列表的创建、访问和切片，以及列表元素的增加、删除、修改、索引、统计、排序和反序等操作说明。元组的相关知识中包括元组的创建，以及元组元素的访问和删除等操作说明。字典的相关知识中包括字典的创建，以及字典元素的访问、修改、增加和删除等操作说明。集合的相关知识中包括集合的创建和运算，以及集合元素的增加和删除等操作说明。

【思政元素融入】

列表、元组、字典和集合的相关知识凸显了不同数据类型的使用方法。在解决实际问题时，我们需要根据数据的特性以及解决问题的需求，灵活选择恰当的数据类型。这种做法有助于培养学生的协作能力和实践能力。

习题

一、选择题

1. 在 Python 中，以下语句运行结果正确的是（　　）。

```
list1=["爱国","敬业"]
list1.append(["诚信","友善"])
list1.extend(["诚信","友善"])
print(list1)
```

A. ["爱国","敬业","诚信","友善"]
B. ["爱国","敬业",["诚信","友善"],"诚信","友善"]
C. ["爱国","敬业","诚信","友善",["诚信","友善"]]
D. ["爱国","敬业","诚信","友善","诚信","友善"]

2. 在 Python 中，以下语句运行结果正确的是（　　）。

```
lst=[1,2,3,4,5,6]
del lst[1]
del lst[-1]
print(lst)
```

A. [2, 3, 4, 5]　　B. [1, 3, 4, 6]
C. [2, 3, 4, 5, 6]　　D. [1, 3, 4, 5]

3. 在 Python 中，以下语句运行结果正确的是（　　）。

```
a=[6,8,2,5]
b=a.sort( )
print(a)
```

A. [6, 8, 2, 5]　　B. [8, 6, 5, 2]
C. [2, 5, 6, 8]　　D. [5, 2, 8, 6]

4. 在 Python 中，以下语句运行结果正确的是（　　）。

```
lst=["扣","好","人","生","第","一","粒","扣","子"]
lst.pop(2)
del lst[2:6]
lst.remove("扣")
print(lst)
```

A. ['好','扣','子']　　B. ['扣','好','扣','子']
C. ['扣','扣','子']　　D. ['扣','子']

5. 在 Python 中，以下语句运行结果正确的是（　　）。

```
lst=[7,8,9,11,2,25,20]
i=lst.index(max(lst))
lst[0],lst[i]=lst[i],lst[0]
print(lst)
```

A. [7, 8, 9, 11, 2, 25, 20]　　B. [25, 8, 9, 11, 2, 7, 20]
C. [20, 8, 9, 11, 2, 25, 7]　　D. [2, 7, 8, 9, 11, 20, 25]

6. 在 Python 中，以下描述正确的是（　　）。
A. 元组中的元素要求是相同类型
B. 创建元组时，若元组中仅包含一个元素，在这个元素后可以不添加逗号
C. 元组中的元素不能被修改
D. 多个元组不能进行连接

7. 以下哪种类型是 Python 的映射类型（　　）。
A. tuple　　B. str　　C. list　　D. dict

8. 在 Python 中，以下不能创建一个字典的语句是（　　）。
A. dic1 = {[1, 2]: 3}　　B. dic1 = {(1, 2): 3}　　C. dic1 = {(1: 3}　　D. dic1 = {}

9. 在 Python 中，以下关于集合的描述正确的是（　　）。
A. 集合元素是有序的
B. 集合中的元素不可以重复
C. set() 可以将任何类型转换为集合类型
D. remove() 可以通过索引方式删除集合中的指定元素

二、填空题

1. 对于列表 list1 = [3, 6, 9, 12, 15, 18, 21]，执行 list1[2: 6] 的结果是 ________。
2. 在 Python 中，删除列表中指定内容的元素用 remove() 方法，清空列表元素用 ________ 方法。
3. 在 Python 中，[1, 2, [3]] + [1, 2, [3]] 的结果是 ________。
4. 在 Python 中，用赋值法创建一个名为 tuple1 的元组，该元组只含一个元素 7，创建语句为 ________。
5. 在 Python 中，d.keys() 和 d.values() 返回字典 d 所有的 ________ 信息和 ________ 信息。
6. d1 = {1: 2, 3: 4, 5: 6, 7: 8}，通过 len(d1) 函数返回字典 d1 的长度，显示结果是 ________。
7. s1 = {1, 2, 3, 4}，进行 s1.add(1) 和 s1.add(5) 的操作后，s1 的结果是 ________。
8. s1 = {1, 2, 3, 4, 5}，s2 = {3, 4, 5, 6, 7}，则 s1 和 s2 的补集是 ________。
9. 对比列表、元组、字典和集合 4 种数据类型的特性，填写下表。

	列　表	元　组	字　典	集　合
函数名称				
界定符号				
是否可变序列				
是否有序序列				
元素分隔符				
元素形式要求				
对元素值的要求				
元素是否可重复				

三、编程题

1. 编写程序，使用列表的方式实现唐宋八大家（韩愈、柳宗元、苏洵、苏轼、苏辙、曾巩、欧阳修、王安石）的输出，其中前 2 位是唐代作家，后 6 位是宋代作家，以切片操作的方式输出唐代作家和宋代作家。

2. 编写程序，输入年月日后判断该日期是该年的第几天。

3. 1261 年，我国南宋数学家杨辉所发现的杨辉三角，比欧洲的帕斯卡所提出的同一问题早了近 400 年，这一规律的发现是中国数学史上的一个伟大成就。杨辉三角中的数字具有以下规律：第一行和第二行分别是 1 和 1、1；从第三行开始，每一行的两端都是 1；从第三行开始，中间的数字是由上一行相邻的两个数字相加而得到；杨辉三角的每一行都是对称的。编程实现杨辉三角。

4. 编写程序，输入英文单词的第一个字母来判断是星期几，如果第一个字母一样，则继续输入第二个字母。

5. 编写程序建立字典，实现根据客户等级及订货量计算订货金额。客户分为 A、B、C、D 类，A 类客户享受 9 折优惠，B 类客户享受 92 折优惠，C 类客户享受 95 折优惠，D 类客户不享受打折优惠。假定商品标准价格为100元，不管哪一类客户，对于不同的订货量，还可以享受不同价格的优惠：订货量小于 500 元的无折扣，订货量在 [500, 1999] 区间内的折扣为 0.05，订货量在 [2000, 4999] 区间内的折扣为 0.1，订货量在 [5000, 19999] 区间内的折扣为 0.15，订货量在 20000 元及以上的折扣为 0.2。客户可以同时享受价格优惠和客户等级优惠。订货量必须为整数。

6. 两支乒乓球队进行比赛，各出 3 人。甲队为 a, b, c 3 人，乙队为 x, y, z 3 人。已抽签确定比赛名单。有人向队员打听比赛的名单。a 说他不和 x 比，c 说他不和 x, z 比，请编程找出 3 队赛手的名单。

第7章 CHAPTER 7 函　数

利用计算机解决实际问题时，为了完成一项较为复杂的任务，人们通常会将任务分解成若干子任务，通过完成这些子任务逐步实现任务的整体目标，这种解决问题的思路就是结构化程序设计方法中的模块化编程思想。在模块化程序设计中，每个模块的功能是由一个或多个函数来实现的，函数则是一段具有特定功能的、可重复利用的语句组。模块化程序设计结构如图 7-1 所示。

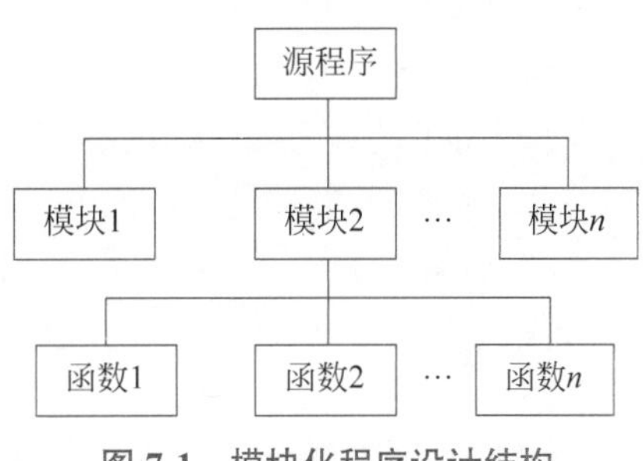

图 7-1　模块化程序设计结构

利用 Python 语言进行程序设计，模块的使用可以控制程序的复杂性，提高编程效率，令设计的程序结构清晰、可读性好，并且易于维护和扩充。

学习目标

（1）掌握函数的定义与调用。

（2）掌握函数的参数传递方式。

（3）理解 lambda 函数定义、递归函数的原理。

（4）理解变量的作用域。

（5）了解模块和包的定义方法。

（6）通过本章课程的学习，引导学生思考，遇到较为复杂的问题，如何化繁为简、分而治之；培养学生解决问题时要有团队分工合作意识，让资源共享，提高效率，共同发展；同时培养学生对不同问题的整合归类能力。

学习重点

（1）掌握函数的定义与调用方法。

（2）掌握函数的参数传递方式。

学习难点

理解 lambda 函数的定义、递归函数的原理。

7.1　函数的定义与调用

Python 中的内置函数是指安装解释器系统时加载的一组预定义函数，这些函数不需要以对象或模块为前缀引导，可直接使用。Python3.10 解释器共提供了 71 个内置函数，如在前面章节介绍和使用过的输出函数 print()、数值运算函数 sum()、字符串运算函数 eval()等。在程序设计过程中，除了系统提供的内置函数外，用户通常还需要创建自己定义的函数来完成一些特定的功能，以满足实际需求。

7.1.1 函数的定义

将一段代码封装成一个独立单元的过程称为函数定义或函数声明，函数定义的基本语法格式如下所示。

```
def 函数名([形式参数序列]):
    函数体
    [return 返回值]
```

说明如下。

（1）def 是定义函数的关键字。

（2）函数名必须是合法的 Python 标识符。

（3）圆括号中的形式参数序列，指调用该函数时传递给它的值，多个参数之间用逗号分隔。方括号表示该形式参数序列是一个可选项，可以省略。圆括号后面的冒号不可缺少。

（4）函数体是由一行或多行语句构成的代码，相对于 def 关键字必须保持一定位置的缩进。

（5）return 语句表示函数功能到此结束，并带回返回值。如果 return 语句省略，则表示函数没有返回值，仅仅是执行并完成了一段代码的功能。函数体结束后将控制权返回。

函数定义的示例代码如下所示。

```
def circle(r):
    p = 2 * r * 3.14
    s = 3.14 * r * r
    return p, s
```

函数定义后，如果单独执行，则不会有任何输出响应，只有在程序中调用该函数，才能执行其定义的功能。

7.1.2 函数的返回值

函数的返回值是函数执行完毕后返回给调用者的结果。在函数定义过程中，返回值通过 return 语句实现，该语句的基本语法格式如下所示。

```
return [表达式列表]
```

返回值可以是任何数据类型，包括整数、浮点数、字符串、布尔值等。

函数的返回值有 3 种情况，下面分别举例说明。

1. 返回值为 None

如果不写 return 语句，函数体中最后一个语句作为函数的结束语句，此时系统提供一个默认的返回值 None，表示没有具体的返回值。

【例 7.1】编写程序，定义一个没有返回值的函数 func()，仅输出接收到的参数。

示例代码如下所示。

```
def func(re_parmt):
    pass                            #pass 表示空语句
    print("天下兴亡，", re_parmt)
name = "匹夫有责！"
print(func(name))                   #函数调用
```

运行结果如下所示。

```
天下兴亡，匹夫有责！                 #函数内 print() 函数的执行结果
None                                #函数外 print() 函数的执行结果
```

该示例的输出结果表明，由于函数定义过程中，函数体内省略了 return 语句，所以函数调用后，仅显示了函数内容 print() 语句的输出结果，没有实质性的返回值（None）。

2. 返回一个值

如果函数体中有多个 return 语句，则执行符合条件的第一个 return 语句，作为函数的结束语句，并将 return 语句指定的表达式作为函数的返回值。

【例 7.2】编写程序，定义一个比较两个字符串大小的函数 maxnum()，返回其中较大的字符串。

示例代码如下所示。

```
def maxnum(a, b):
    if a > b:
        return a
    else:
        return b
a = "一分耕耘"
b = "一分收获"
print(maxnum(a, b))
```

运行结果如下所示。

```
一分耕耘
```

该示例的输出结果表明，由于接收参数 a 的值大于 b 的值，所以函数调用后，函数内部第一个 return 语句的表达式值作为函数的返回值。

3. 返回多个值

如果函数体内有多个值需要返回，则以逗号分隔的形式依次写在关键字 return 之后，以元组类型的方式返回给调用函数。

【例 7.3】编写程序，定义一个函数 cal()，接收两个数，返回两数加、减、乘和除的 4 种运算结果。

示例代码如下所示。

```
def cal(a, b):
    return a + b, a - b, a * b, a / b
```

```
print(cal(3, 5))
```

运行结果如下所示。

```
(8, -2, 15, 0.6)
```

该示例的输出结果表明，函数调用后，函数内部 return 语句后面的 4 个表达式的值，作为元组元素，以元组类型返回并输出。

7.1.3 函数的调用

函数调用指在程序中将指定的数据传递给已定义的函数，并执行该函数的功能，再将函数的返回值返回到程序中的过程。需要注意的是，函数必须先定义后调用。

函数调用的基本语法格式如下所示。

```
函数名（实际参数序列）
```

Python 程序中，可以通过多种形式调用函数，下面介绍 4 种常用的调用方式。

1. 以表达式语句的形式调用

函数以表达式语句的形式调用，可以有返回值，也可以没有返回值。

【例 7.4】编写程序，定义函数 randsum()，计算任意 3 个数的和。

示例代码如下所示。

```
def randsum(x, y, z):
    s = x + y + z
    print(s)                        # 直接输出 3 个数的和
a, b, c = eval(input(" 以逗号分隔，输入 3 个数：")) 
randsum(a, b, c)                    # 以表达式语句的形式调用函数
```

运行结果如下所示。

```
以逗号分隔，输入 3 个数：3,-5,9      # 假设输入的 3 个数为 3,-5,9
7
```

该示例中，函数定义的内部没有 return 语句，运行结果显示的数字 7 是函数内容 print() 语句的输出结果。

2. 以赋值语句的形式调用

函数以赋值语句的形式调用时，需要有返回值。

【例 7.5】编写程序，定义函数 ave()，计算任意 3 个数的平均值。

示例代码如下所示。

```
def ave(x, y, z):
    average = (x + y + z) / 3
    return average
a, b, c = eval(input(" 以逗号分隔，输入 3 个数：")) 
av = ave(a, b, c)                   # 以赋值语句的形式调用函数
print("average=%.1f" % av)
```

运行结果如下所示。

```
以逗号分隔，输入 3 个数：2,4,6        # 假设输入的 3 个数为 2,4,6
average=4.0
```

该示例中，函数以赋值语句的形式调用，返回值赋值给变量 av，再由 print() 语句输出 av 的值。

3. 作为另一个函数的实际参数调用

函数作为另一个函数的实际参数调用，需要有返回值。

【例 7.6】编写程序，定义函数 cir_fer()，计算给定半径的圆周长。

示例代码如下所示。

```
def cir_fer(r):
    p = 2 * r * 3.14
    return p
r = 3
print("圆的周长：{:.1f}".format(cir_fer(r)))   # 作为 format() 函数的参数调用
```

运行结果如下所示。

```
圆的周长：18.8
```

4. 以模块名为前缀调用

函数以模块名为前缀的方式进行调用，需要先导入模块，基本语法格式如下所示。

```
模块名 . 函数名 ( 参数 )
```

示例代码如下所示。

```
>>> import math
>>> math.sqrt(4)
2.0
```

该示例中，以模块名为前缀调用函数，该函数必须是模块中定义的函数。

7.1.4 匿名函数定义与调用

视频讲解

匿名函数是一种没有具体名称的函数，主要用于实现简单的、能够在一行内表示的逻辑关系，适合处理程序中仅被调用一次的函数表达式。其主体仅是一个表达式，不需要使用代码块，表达式的值即函数的返回值。使用匿名函数可以让程序代码简洁、可读性好，而且省去了函数的定义过程。

在 Python 程序中，使用关键字 lambda 定义匿名函数，基本语法格式如下所示。

```
函数对象名 = lambda 形式参数列表 : 表达式
```

说明如下。

（1）lambda 是定义匿名函数的关键字，空格后跟参数列表，再用冒号分隔函数表达式。

（2）匿名函数只能有一个表达式，表达式的值就是函数的返回值，不需要 return 语句。

匿名函数有下列几种常见的调用方式。

1. 定义匿名函数时直接调用

示例代码如下所示。

```
>>> (lambda x: x * 2)(4)                          # 定义并调用匿名函数，实参为 4
8
>>> (lambda a, b: a if a >= b else b)(10, 20)  # 表达式为一个选择结构
20
```

2. 利用匿名函数的对象名调用

【例 7.7】编写程序，定义一个匿名函数，并赋予对象名 prod，实现两个数的乘积。

示例代码如下所示。

```
prod = lambda x, y: x * y
x, y = 3, 5
multi = prod(x, y)               # 利用匿名函数的对象名 prod 进行函数调用
print(multi)
```

运行结果如下所示。

```
15
```

该示例中，匿名函数的定义，等价于一般形式的函数定义，示例代码如下所示。

```
def prod(x, y):                  # 定义函数 prod()
    return x * y
x, y = 3, 5
multi = prod(x, y)               # 普通函数调用
print(multi)
```

运行结果如下所示。

```
15
```

3. 列表索引作为匿名函数的对象名调用

示例代码如下所示。

```
>>> lst = [(lambda x: x ** 2), (lambda x: x ** 3), (lambda x: x ** 4)]
>>> print(lst[0](3), lst[1](3), lst[2](3))  # 列表索引作为匿名函数的对象名
9 27 81
```

该示例中，列表元素均为匿名函数，因此，列表索引可作为匿名函数的对象名进行函数调用。

4. 字典键索引作为匿名函数的对象名调用

示例代码如下所示。

```
>>> d={'k1':(lambda:10+20),'k2':(lambda:10*20),'k3':(lambda:10//20)}
>>> print(d['k1'](), d['k2'](), d['k3']())  # 字典键索引作为匿名函数的对象名
30 200 0
```

该示例中，字典元素的键所对应的值均为匿名函数，因此，字典键索引可作为匿名函

数的对象名进行函数调用。

5. 匿名函数作为其他函数的参数调用

示例代码如下所示。

```
>>> list(map(lambda x: x ** 2, [2, 3, 4]))
# 匿名函数作为映射函数 map() 的参数调用
[4, 9, 16]
```

该示例中，匿名函数作为映射函数 map() 的参数调用，匿名函数的实参来自列表 [2, 3, 4] 中的元素。

【例 7.8】编写程序，列表中存放了 3 名学生的信息，如 [{'name': ' 张三 ', 'scor': 82}, {'name': ' 李四 ', 'scor': 91}, {'name': ' 王五 ', 'scor': 68}]，要求按成绩降序排列。

示例代码如下所示。

```
stud = [{'name': ' 张三 ', 'scor': 82}, {'name': ' 李四 ', 'scor': 91},
{'name': ' 王五 ', 'scor': 68}]
stud.sort(key=lambda x: x['scor'], reverse=True)
#x 为形参，列表元素 stud[i] 为实参，i 表示列表索引号
print(stud)
```

运行结果如下所示。

```
[{'name': ' 李四 ', 'scor': 91}, {'name': ' 张三 ', 'scor': 82}, {'name':
' 王五 ', 'scor': 68}]
```

该示例中，匿名函数 lambda x: x['scor'] 作为 sort() 方法的参数调用，其中 x 为匿名函数的形参，接收的实参为列表元素 stud[i]。由于列表元素为字典类型，因此使用键名 "scor" 检索其相应的值，即实参表达式可进一步理解为 stud[i] ['scor']。最后用 sort() 方法实现列表元素的排序。

7.1.5　函数嵌套定义与调用

视频讲解

Python 中允许函数进行嵌套定义，即在函数内部可以再定义一个或多个子函数。下面分别以两层和三层函数的嵌套定义及调用方法为例进行说明。

（1）两层函数嵌套定义。例如，先定义函数 func1()，再在其内部定义子函数 func2()。函数定义结束后进行调用，示例代码如下所示。

```
def func1():                            # 定义函数 func1()
    print("func1: 天下兴亡 ")
    def func2():                        # 在 func1() 内部定义子函数 func2()
        print("func2: 匹夫有责 ")
    func2()                             # 在 func1() 内部调用子函数 func2()
func1()                                 # 调用 func1()
```

运行结果如下所示。

```
func1: 天下兴亡
func2: 匹夫有责
```

该示例中，嵌套定义的子函数 func2()，只能在函数 func1() 的内部进行调用。若在函数 func1() 的外部调用子函数 func2()，则解释器会引发 NameError 异常。

（2）三层函数嵌套定义。例如，先定义函数 f1()，再在其内部定义子函数 f2()，继续在 f2() 的内部定义子函数 f3()。函数定义结束后进行调用，示例代码如下所示。

```
def f1():
    print('人民有信仰')
    def f2():
        print('民族有希望')
        def f3():
            print('国家有力量')
        return f3()                  # 函数 f2() 内部调用函数 f3()
    return f2()                      # 函数 f1() 内部调用函数 f2()
f1()                                 # 程序中调用函数 f1()
```

运行结果如下所示。

```
人民有信仰
民族有希望
国家有力量
```

【例 7.9】编写程序，利用函数的嵌套定义，在函数 cir(rad, mode) 的内部分别定义子函数 peri() 返回圆的周长和子函数 are() 返回圆的面积。根据输入参数 mode 的值选择性地输出圆的周长或面积。

示例代码如下所示。

```
from math import pi
def cir(rad, mode):                  # 参数 mode 值为 0（表示周长）或 1（表示面积）
    def peri(rad):
        return 2 * pi * rad
    def are(rad):
        return pi * (rad ** 2)
    if mode == 0:
        return peri(rad)
    elif mode == 1:
        return are(rad)
peri_result = cir(10, 0)             # 函数调用，mode=0
area_result = cir(10, 1)             # 函数调用，mode=1
print("circumfe={:.1f}".format(peri_result))
print("circarea={:.1f}".format(area_result))
```

运行结果如下所示。

```
circumfe=62.8
circarea=314.2
```

【例 7.10】编写程序，给定 m 及 n 的值，计算公式 $C_m^n=\frac{m!}{m!(m-n)!}$ 的结果。

示例代码如下所示。

```
def com(m, n):
    def fac(num):
        t = 1
        for i in range(1, num + 1):
            t = t * i
        return t
    return fac(m) / (fac(n) * fac(m - n))
m, n = 5, 3
print(com(m, n))
```

运行结果如下所示。

```
10.0
```

7.2　函数参数传递

函数定义与函数调用之间的关联是通过参数传递实现的。在程序中体现为，函数调用处的实参数据传递给已定义函数的形参，使得该函数利用接收到的数据，实现其功能。

7.2.1　函数的形参和实参

根据函数在定义阶段与调用阶段的作用不同，函数的参数分为形式参数和实际参数。

（1）形式参数：定义函数时，函数名后面括号中的参数称为形式参数，简称形参。

函数定义后，系统不会给函数的形参分配内存单元，只有在函数被调用执行时，系统才会为各个形参分配内存单元，并在函数内部利用形参进行相应的操作。函数调用结束后会立即释放其所占用的内存单元。因此，形参仅在函数内部有效，在函数外部不可见。

（2）实际参数：在函数调用处，函数名后面括号中的参数称为实际参数，简称实参。

函数调用时，系统自动将实参的值传递给函数定义时的形参，使该函数实现其相应的功能。

【例 7.11】编写程序，定义函数 maxDivi()，计算给定两个整数的最大公约数。

示例代码如下所示。

```
def maxDivi(a, b):                    # 函数定义，a，b 为形式参数
    if a < b:
        a, b = b, a
    for i in range(a, 0, -1):
        if a % i == 0 and b % i == 0:
            return i
x, y = 30, 20
z = maxDivi(x, y)                     # 函数调用，x，y 为实际参数
print(z)
```

运行结果如下所示。

```
10
```

视频讲解

7.2.2 参数传递

在 Python 程序中，函数调用时引发参数传递。根据实参数据类型的不同，实参向形参传递数据通常有两种传递方法：一是值传递，二是地址传递。

在值传递方法中，形参作为被调用函数的局部变量来处理。系统在内存中另外开辟存储空间用来存放由实参传递过来的数据，这种方法实际上是对实参数据的复制。因此，在函数内部对形参值的处理操作，不会影响到函数外部的实参值。

在地址传递方法中，参数传递实际上是将实参对象的地址传递给了形参对象，也就是说，实参对象与形参对象共享同一存储单元。因此，在函数内部，形参值的改变必将影响到函数外部实参对象的值，或者说实参对象的值会随着形参值的改变而同步做出相应的改变。

一般情况下，当实参数据类型为不可变数据类型时，参数传递是值传递；当实参数据类型为可变数据类型时，参数传递是地址传递。下面分别对这两种数据类型的参数传递方法，以示例方式给予说明。

1. 不可变数据类型参数传递

当实参是数值、字符串、布尔类型或元组等不可变数据类型时，参数传递是值传递，即在函数内部，形参值的改变不会影响到函数外部的实参值。

【**例 7.12**】编写程序，定义函数 diff_abs()，计算给定两个数的差值的绝对值。

示例代码如下所示。

```
def diff_abs(a, b):
    if a < b:
        a, b = b, a
        print("a={},b= {}".format(a, b))
    return a - b
x, y = 6, 10
d = diff_abs(x, y)
print("两个数的差值的绝对值是", d)
print("x={},y={}".format(x, y))
```

运行结果如下所示。

```
a=10,b=6                            # 函数内部两个数已交换
两个数的差值的绝对值是 4
x=6,y=10                            # 函数外部两个数没有交换
```

2. 可变数据类型参数传递

当实参是列表、字典或集合等可变数据类型时，参数传递是地址传递，即形参值的改变意味着实参值的改变。例如在函数内部，对可变序列进行增加、删除或修改元素时，修改后的结果将会反映到函数外部相应的可变序列。

【**例 7.13**】编写程序，定义函数 modify()，接收列表类型的参数。在函数内部给列表增加一个元素并输出，接着查看函数外部的实参列表元素是否做出了相应的改变。

示例代码如下所示。

```
def modify(lst2):
    lst2.insert(1, "就是")
    # 在索引号为 1 的指定位置之前插入元素"就是"
    print("lst2=", lst2)        # 查看函数内部 lst2
lst1 = ["绿水青山", "金山银山"]
modify(lst1)
print("lst1=", lst1)            # 查看函数外部的 lst1 是否改变
```

运行结果如下所示。

```
lst2= ['绿水青山', '就是', '金山银山']
lst1= ['绿水青山', '就是', '金山银山']
```

从该示例中可以看到，函数调用后，在函数内部给形参列表增加一个元素“就是”，函数外部实参列表元素也随之改变，表明可变数据类型的参数传递是一种地址传递。

7.2.3　参数传递方式

函数调用时，有多种方式将实参传递给形参，下面介绍 4 种参数传递方式。

1. 位置参数传递

一般情况下，调用函数时，实参序列中参数的数量、位置要与函数定义时形参序列中参数的数量相同、位置一一对应。实参的取名与形参的取名无关，这种实参向形参传递数据的方式称为位置参数传递方式。

【例 7.14】编写程序，定义幂函数 monomial()，计算 x^r 的值。

示例代码如下所示。

```
def monomial(a, b):
    c = a ** b
    return c
r = 3                                   # 给定指数 r 为 3
x = eval(input("请输入幂函数的底数："))
print("计算结果为：", monomial(x, r))  # 实参 x 传递给形参 a，实参 r 传递给形参 b
```

运行结果如下所示。

```
请输入幂函数的底数：5                   # 输入的数是 5
计算结果为：125
```

2. 默认值参数传递

在 Python 程序中，可以在定义函数时直接对形参赋予初始值，此时被赋予初始值的参数称为默认值参数。当函数调用时，如果没有给出对应位置的实参，则采用函数定义时的默认值参数；如果给出了对应位置的实参，则用实参值覆盖函数定义时的默认值参数。

【例 7.15】编写程序，定义一个默认指数为 3 的幂函数 monom()。

示例代码如下所示。

```
def monom(x, n=3):                 # 形参 n 的默认值为 3
    f = 1
```

```
    for i in range(n):
        f *= x
    return f
x = eval(input("请输入幂函数的底数："))
print("计算结果为：", monom(x)) # 函数调用，省略第二个参数 n
```

运行结果如下所示。

```
请输入幂函数的底数：4                    # 输入的底数是 4
计算结果为：64
```

该示例中，函数调用时，如果给出了实参 n 的值为 4，如 monom(x, 4)，则实参值 4 将覆盖形参的默认值 3。

需要注意的是，Python 语法约定，默认参数必须出现在位置参数的后面，否则函数调用时，解释系统在语法检查时不予通过。

示例代码如下所示。

```
def fun(a=1, b, c=3):              # 默认参数 a=1 出现在位置参数 b 之前
    print(a, b, c)
fun(2)                             # 语法检查错误
fun(0, 2, 5)                       # 语法检查错误
```

3. 关键字参数传递

函数调用时，实参以关键字形式给出并传递数据给指定的形参，这种向形参传递数据的方式称为关键字参数传递。以关键字形式出现的参数不再按位置对应关系进行参数传递，而是将关键字形式出现的实参传递给同名形参，好处在于不需要记住形参的位置顺序。该传递方式适用于形参数量较多的情况，以便于更好地保障参数的正确传递。

【例 7.16】编写程序，定义函数 Score()，计算“大学英语”、“高等数学”和“计算机基础”3 门课程的总成绩与平均成绩。

示例代码如下所示。

```
def Score(math, engl, comp):
    sum = math + engl + comp
    ave = sum / 3
    return sum, ave
M = eval(input("高等数学："))
C = eval(input("计算机基础："))
E = eval(input("大学英语："))
sum, ave = Score(math=M, comp=C, engl=E)
# 实参顺序与形参不一致，使用关键字指定形参值
print("总成绩 ={:d}, 平均成绩 ={:.1f}".format(sum, ave))
```

运行结果如下所示。

```
高等数学：60                       # 输入 60
计算机基础：70                     # 输入 70
大学英语：80                       # 输入 80
总成绩 =210, 平均成绩 =70.0
```

视频讲解

4. 不定长参数传递

在有些情况下，函数定义时无法确定参数的数量，Python 语法提供了不定长参数的函数定义方法，以便满足函数调用时参数数量可变性的传递需求。这种利用不定长参数进行参数传递的方式，被称为序列解包参数传递方式。该方式可进一步增强函数参数传递的灵活性。

函数定义时，根据参数数据类型的不同，不定长参数有两种表现形式，分别为单星号参数形式和双星号参数形式。

（1）单星号参数形式，又称为包裹位置参数，主要用来接收非字典类型或非关键字形式出现的实参序列。该参数形式的基本语法格式如下所示。

```
def 函数名 (*parameter)
```

其中，Python 解释器自动对参数“*parameter”进行解包，以元组类型存放解包参数。parameter 为元组名，其元素作为位置参数使用。

【例 7.17】编写程序，定义一个 call() 函数，形参为包裹位置参数，计算实参序列的平均值。

示例代码如下所示。

```
def call(*p):                               # 包裹位置参数
    print(" 参数解包: ", p)
    L = len(p)
    return sum(p) / L
x, y, z = 2, 3, 4
print(" 参数均值 :",call(x, y, z))           # 参数数量为 3
x, y, z, v = 2, 3, 4, 5
print(" 参数均值 :",call(x, y, z, v))        # 参数数量为 4
```

运行结果如下所示。

```
参数解包: (2, 3, 4)
参数均值 : 3.0
参数解包: (2, 3, 4, 5)
参数均值 : 3.5
```

该示例中，函数调用时，如果把 call(x, y, z) 函数的实参写成 call(x=2, y=3, z=6)，即实参为关键字参数，则传递给形参时，解释器将无法解包，程序运行会引发 TypeError 异常。

【例 7.18】编写程序，定义一个 call() 函数，形参为包裹位置参数。函数调用时，实参也为包裹位置参数，要求以字符串形式输出实参解包参数。

示例代码如下所示。

```
def call(*p):                               # 包裹位置参数
    print(p)                                # 显示参数
    tu_str = ','.join(p)                    # 元组转字符串
    return tu_str
lst = input(" 请输入四个自信词语: ").split()  # 以空格分隔
print(call(*lst))                           # 实参解包
```

运行结果如下所示。

```
请输入四个自信词语：道路自信 理论自信 制度自信 文化自信
('道路自信', '理论自信', '制度自信', '文化自信')    # 函数内部输出
道路自信，理论自信，制度自信，文化自信              # 函数的返回值
```

（2）双星号参数形式，又称为包裹关键字参数，主要用来接收字典类型的解包参数或以关键字形式出现的实参序列。该参数形式的基本语法格式如下所示。

```
def 函数名 (**parameter)
```

其中，Python 解释器自动对参数“**parameter”进行解包，以字典类型存放解包参数，parameter 为字典名。

【例 7.19】编写程序，定义一个 call() 函数，形参为包裹关键字参数。函数调用时，实参为关键字序列，函数调用后，要求输出关键字序列的值之和。

示例代码如下所示。

```
def call(**p):                            # 形参为包裹关键字参数
    print("p=",p)
    sum = 0
    for i in p.values():
        sum += i
    return sum
print("值之和:",call(x=3, y=2, z=4))   # 实参是关键字形式的序列
```

运行结果如下所示。

```
p= {'x': 3, 'y': 2, 'z': 4}
值之和: 9
```

该示例中，函数调用时，如果把 call(x=3, y=2, z=4) 函数的实参写成 call(3, 2, 4)，即实参为位置参数，则传递给形参时，解释器将无法解包，程序运行会引发 TypeError 异常。

【例 7.20】编写程序，定义一个 call() 函数，形参为包裹关键字参数。函数调用时，实参也为包裹关键字参数，求字典中元素的值之和。

示例代码如下所示。

```
def call(**p):                            # 形参为包裹关键字参数
    sum = 0
    for i in p.values():
        sum += i
    return sum
dct = {'x': 3, 'y': 2, 'z': 4}
print(call(**dct))                        # 实参为包裹关键字参数
```

运行结果如下所示。

```
9
```

该示例中，函数调用时，如果把 call(**dct) 函数的实参写成 call(dct)，即实参为位置参数，则传递给形参时，解释器将无法解包，程序运行会引发 TypeError 异常。

7.3　递归函数

视频讲解

如果一个函数在其函数体内部能够直接或间接地调用自己，则该函数称为递归函数。递归函数通常用来解决任务规模较大而又能层层转换为任务规模较小的计算问题，同时在计算方法上有着相同的特性和解法。在 Python 程序设计中，递归函数可减少大量的、重复的程序语句问题，令程序结构清晰、可读性好。在数学上常见的阶乘、斐波那契数列、最大公约数等计算问题都可以设计成递归函数来求解。

7.3.1　递归函数原理

一般情况下，设计递归函数需满足两个条件。

（1）能够找到问题的相同特性，即可重复计算的公式。

（2）能够找到问题重复计算后的终止条件。

递归函数采用递归算法，该算法执行过程分递推和回归两个阶段。

在递推阶段，把问题规模为 n 的问题递推到规模为 $n-1$ 的问题，继续递推，直到问题规模为 0，得到最小规模的解。

在回归阶段，从规模为 0 的解回归到规模为 1 的解，继续回归，直到获得规模为 n 的解。

使用递归算法并不能提高程序的执行效率，反而会降低效率，既费时又费空间。原因是：当问题规模较大时，递归函数层层反复调用，每出现一次函数调用，系统就会为函数分配一个栈空间，用来存放函数内部变量的值，而这个栈空间在函数调用结束后才会被自动释放。所以从系统内存空间的角度来分析，在递归调用情况下，原来的栈空间还没被释放就又重新分配了新的栈空间，如此，程序运行期间，函数占用了大量的栈空间，导致程序运行效率下降。因此，递归函数的深度不宜太大，否则将会由于栈空间不足而引发系统崩溃。实际应用中，人们仍坚持使用递归算法的主要原因在于，一些问题本身具有递归性质，而又找不到迭代解决方案，只能利用递归性质来解决问题。另外，从程序设计角度来看，递归解决方案确实能够使程序的逻辑结构清晰、代码简洁易读。

7.3.2　递归函数的定义和调用

递归调用分为两种情况：一是，一个函数在其函数体内直接调用自己，称为直接递归调用；二是，一个函数调用其他函数，而其他函数又调用了本函数，这一过程称为间接递归调用。这两种调用情况在形式上的定义如下所示。

1. 直接递归调用

```
def fun()
    条件 1：递归出口
    条件 2：fun()
```

2. 间接递归调用

```
def fun1()
    条件 1：递归出口
    条件 2：fun2()
def fun2()
    条件 1：递归出口
    条件 2：fun1()
```

下面针对直接递归函数的定义形式，举例分析其调用过程。

【例 7.21】编写程序，利用递归方案计算 *n* 的阶乘。

阶乘计算具有递归特性，如下所示。

n! = n*(n−1)!

(n−1)! =(n−1)*(n−2)!

…

0! = 1

如果用 fact(n) 表示 n!，则递归函数的数学模型如下所示。

```
            ⎧1,              n=0
fact(n) =   ⎨
            ⎩n*fact(n-1),    n>1
```

为了便于说明算法的递推和回归过程，假设 n = 3，则 fact(3) 的求解过程如下所示。

递推过程。

（1）当 n = 3 时，fact(3) = 3*fact(2)，需继续调用 fact(2)。

（2）当 n = 2 时，fact(2) = 2*fact(1)，需继续调用 fact(1)。

（3）当 n = 1 时，fact(1) = 1*fact(0)，需继续调用 fact(0)。

（4）当 n = 0 时，fact(0) = 1，递推终止。

回归过程。

（1）fact(0) = 1，终止值，返回。

（2）fact(1) = 1*fact(0) = 1*1 = 1，返回 fact(1) 的值。

（3）fact(2) = 2*fact(1) = 2*1 = 2，返回 fact(2) 的值。

（4）fact(3) = 3*fact(2) = 3*2 = 6，返回 fact(3) 的值。

fact(3) 的递推与回归过程，如图 7-2 所示。

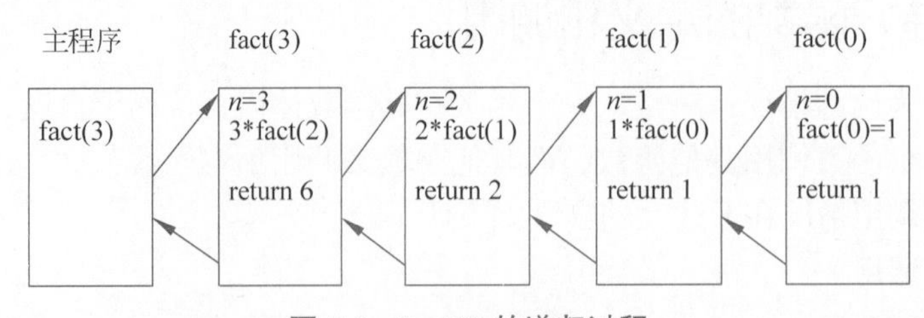

图 7-2 fact(3) 的递归过程

示例代码如下所示。

```
def fact(n):
```

```
    if n == 0:
        return 1                    # 递归出口条件
    else:
        return n * fact(n - 1)     # 递归调用
print(fact(3))
```

运行结果如下所示。

```
6
```

从计算 n! 的递归程序中可以看出，递归函数的定义有两个条件要素。

（1）递归出口条件，即问题的规模达到最小，其本身不再具有递归性质，递归终止。

（2）可重复计算的递归关系，即 f(n) = n*f(n - 1)。该关系能够使问题的规模越来越小，体现为函数参数越来越小。如该示例中，函数的参数值由最初的 3，逐层递减，直到参数值为 0，满足出口条件，找到了程序的出口。

7.3.3 递归函数的应用

【例 7.22】编写程序，用递归算法求 m 与 n 的最大公约数。

两个正整数 m 和 n（m>n）的最大公约数的算法原理是，最大公约数等于 n 与 r（r=m%n）之间的最大公约数。因此，用递归算法求这两个数的最大公约数步骤如下所示。

（1）保证 m>n，如果 m<n，则两数进行交换。

（2）计算 m%n，如果余数为 0，则 n 为最大公约数；如果余数不为 0，则将 n 赋值给 m，m%n 赋值给 n，继续计算 m%n。在反复的过程中被除数 m 变小，直到 m%n = 0，即递归出口。

假设，求 m 和 n 最大公约数的函数为 maxgcd(m, n)，则函数的递归模型如下所示。

$$maxgcd(m,n)=\begin{cases} n, & m\%n=0 \\ maxgcd(n,m\%n), & m\%n>1 \end{cases}$$

示例代码如下所示。

```
def maxgcd(a, b):
    if a < b:
        a, b = b, a
    if a % b == 0:
        return b
    else:
        return maxgcd(b, a % b)   # 递归调用
x = int(input("请输入第一个数："))
y = int(input("请输入第二个数："))
print("最大公约数是：", maxgcd(x, y))
```

运行结果如下所示。

```
请输入第一个数：8                  # 输入 8
请输入第二个数：12                 # 输入 12
最大公约数是：4
```

同理，如果把上面程序的最后一条输出语句改为如下所示。

```
print("最小公倍数：",x*y/maxgcd(x,y))
```

则可求出两个正整数的最小公倍数。

【例 7.23】编写程序，利用递归函数输出斐波那契数列的前 n 项。

斐波那契数列（Fibonacci sequence），如：1，1，2，3，5，8，13，21，…，从第三项开始，每一项都等于前两项数列之和。因此，当 n>2 时，斐波那契数列第 n 项的公式为 F(n)=F(n-1)+F(n-2)，则函数 F(n) 的递归模型如下所示。

$$F(n)=\begin{cases}1, & n=1\\ 1, & n=2\\ F(n-1)+F(n-2), & n>2\end{cases}$$

示例代码如下所示。

```
def fib(n):
    if n == 1:
        return 1
    elif n == 2:
        return 1
    else:
        return fib(n - 1) + fib(n - 2)
num = int(input("请输入一个整数 : "))    # 第 num 项
print("斐波那契数列的第 {} 项值为：{}".format(num, fib(num)))
print("前 {} 项数列为：".format(num))
for i in range(1, num + 1):
    print(fib(i), end=" ")              # 前 num 项数列
```

运行结果如下所示。

```
请输入一个整数 : 8                          # 输入 8
斐波那契数列的第 8 项值为：21
前 8 项数列为：
1 1 2 3 5 8 13 21
```

7.4 变量作用域

在 Python 程序设计过程中，会用到许多变量，有时候要求共享某些变量，有时候要求屏蔽某些变量。对于一些具有相同命名的变量标识符，处理不好会造成程序运行时隐蔽性问题的发生，输出意想不到的结果。因此，在程序设计过程中，必须要重视变量的作用域、变量的生存期等问题。

变量的作用域，即变量的有效作用区域，决定了程序可以访问的变量范围。变量的生存期指程序或函数在运行的过程中，变量占用内存单元的时间。执行结束后，变量占用的内存单元被自动释放，从而结束了变量的生存期。

变量按其作用域的范围，一般分为局部变量和全局变量。

7.4.1　局部变量

函数定义时，把形参名和函数内部定义的变量称为局部变量。局部变量只在函数内部范围有效，或者说在函数外部无法访问。

例如，定义函数 func()，其内部有一个局部变量 s。如果在函数外部访问 s，则解释器会引发 NameError 异常。示例代码如下所示。

```
def func():
    s = "学无止境，至死方休"                # 局部变量 s
print(s)                                  # 函数外部访问局部变量 s
```

运行结果如下所示。

```
NameError: name 's' is not defined  # 访问不到 s
```

（1）不同函数中，同名局部变量互不干扰。

【例 7.24】编写程序，定义函数 fun1() 和函数 fun2()，各自函数体内都有同名局部变量 s1，s2。编程实现，在函数 fun1() 内部调用 fun2()，考察局部变量的输出情况。

示例代码如下所示。

```
def fun1():
    s1 = "仁爱"
    s2 = "忠义"
    print("In fun1:s1={},s2={}".format(s1, s2))
    fun2()                          # fun1() 内部调用 fun2()
def fun2():
    s1 = "睿智"
    s2 = "诚信"
    print("In fun2:s1={},s2={}".format(s1, s2))
fun1()                              # 调用函数 fun1()
```

运行结果如下所示。

```
In fun1:s1=仁爱,s2=忠义
In fun2:s1=睿智,s2=诚信
```

（2）函数嵌套中的同名变量，对于子层函数的同名变量，可用关键字 nonlocal 声明为上一层的同名变量。

【例 7.25】编写程序，嵌套定义函数 test1() 和函数 test2()，各自函数体内都有同名局部变量 age，使用关键字 nonlocal 声明同名变量。

示例代码如下所示。

```
def test1():
    age = "青年"
    def test2():
        nonlocal age                # 声明 age 为上一层的同名变量
```

```
        age = "少年"
        return age
    test2()
    print(age)
test1()
```

运行结果如下所示。

```
少年
```

该示例中，函数 test1() 和函数 test2() 中都有同名变量 age，在子层函数 test2() 中用关键字 nonlocal 声明 age 为上一层的同名变量，则程序运行结果为 "少年"。如果去掉 nolocal 语句，则程序输出为 "青年"。

7.4.2 全局变量

在函数外部定义的变量称为全局变量。全局变量拥有全局作用域，在函数外部和函数内部都能生效。全局变量从程序开始运行起就占用内存空间，运行过程中可随时访问，程序退出时释放内存空间，结束其生存期。

例如，在函数 func() 外部有一个全局变量 c，其在函数 func() 内部同样生效。示例代码如下所示。

```
c = "我是中国人"                    # 全局变量
def func():
    print(c)

func()                              # 函数调用
```

运行结果如下所示。

```
我是中国人
```

1. 全局变量与局部变量同名

函数外部的全局变量与函数内部的局部变量同名，则函数内部的局部变量优先生效，即局部变量会在自己的作用域内暂时屏蔽全局变量。

【例 7.26】 编写程序，全局变量与局部变量同名，局部变量优先生效。

示例代码如下所示。

```
def fun(s1, s2):
    s1 = "玉不琢"                          # 函数内部 s1 是局部变量
    s2 = "不成器"                          # 函数内部 s2 是局部变量
    print("In fun:", s1, s2)              # 函数内部输出局部变量
s1 = "人不学"                              # 函数外部 s1 是全局变量
s2 = "不知义"                              # 函数外部 s2 是全局变量
fun(s1, s2)
print("In an external fun", s1, s2)       # 函数外部输出全局变量
```

运行结果如下所示。

```
In fun: 玉不琢 不成器
In an external fun 人不学 不知义
```

2. 关键字 global 声明全局变量

【例 7.27】编写程序，使用关键字 global 声明局部变量为全局变量。

示例代码如下所示。

```
s = "有理想"                        # 全局变量
def test1():
    s = "有本领"                    # 局部变量
    def test2():
        global s                    #global 声明 s 为全局变量
        s = "有担当"                # 修改全局变量的值为 "有担当"
        return s
    test2()
    print(s)                        # 输出局部变量
test1()
print(s)                            # 输出全局变量
```

运行结果如下所示。

```
有本领
有担当
```

3. 全局变量的生存期

【例 7.28】编写程序，使用 sys 模块中的 exit() 函数终止程序的运行，结束全局变量的生存期。

示例代码如下所示。

```
import sys
def cal(a, b=5, c=10):
    return a + b, b - c, a * c
x = 4, 5, 2, 6
if len(x) == 3:
    s = cal(*x)
    print(s)
else:
    print("参数数量不一致！")
    sys.exit()                      # 终止程序的运行
print(x)                            # 访问全局变量 x
```

运行结果如下所示。

```
参数数量不一致！
```

该示例中，函数 cal() 只能接收 3 个参数，而实参解包为 4 个参数。于是，程序运行 else 之后的语句，输出："参数数量不一致！"，接着运行语句 sys.exit()，退出程序。即全局变量 x 的生存期结束，系统释放其占用的存储空间，最后的 print(x) 语句不会有任何输出结果。

视频讲解

7.5 模块和包

7.5.1 模块和包概述

模块是封装了多个函数、常数、变量、类的一种程序文件，可供其他的 Python 程序导入并使用。如果一个模块中仅封装了一些函数的定义，那么该模块也可以看作是函数的集合。程序设计中，使用模块可以实现代码复用，能让程序代码更加简洁、易懂并且具有潜在的扩展性。

包是模块的集合，从文件组织形式上看，包就是一个含有 __init__.py 文件的目录。在复杂的工程项目中，为了便于模块的管理和使用，通常把功能不同的模块分类存放到不同的文件夹中，并在每一个文件夹中建立一个 __init__.py 程序文件。该文件用于标识文件夹是一个包，而不是普通文件夹，文件夹名就是包的名字。__init__.py 文件内容可以为空，也可以有 Python 代码，主要用于编写包的说明信息。当导入包或者包内的模块时，系统会自动运行文件夹下的 __init__.py 文件，以检测文件夹是否为一个包。

7.5.2 模块的类型

在 Python 语言中，模块的类型主要有 3 种。

1. 标准模块

标准模块是指 Python 解释器系统安装时，解释器提供的基本模块。当系统启动时会加载这些基本模块。一些常用标准模块的导入和使用方法，已在前面的章节中给出了介绍，本节不再举例。

2. 第三方模块

第三方模块是指一些优秀的程序人员开发的模块。如果认为这些第三方模块能够满足用户个人的应用需求，可以在指定的网站下载安装，并导入系统使用。

3. 自定义模块

自定义模块是指用户在编程过程中，根据任务需要，自己定义并创建的符合某些特定功能的模块。

7.5.3 自定义模块的创建与导入

1. 创建自定义模块

打开 Python IDLE Shell 开发环境提供的文件编辑器，编写包含一个或多个自定义函数的 Python 程序文件，将其存放到指定目录下，此时，编写的这个文件就构成了一个模块，文件名就是模块名。该模块名可以与模块内定义的函数名之一相同，也可以与模块内定义的所有函数名不同。

（1）模块名与函数名之一相同。例如，创建一个模块文件 add.py，包含两个自定义函数 add() 和 sub()，示例代码如下所示。

```
def add(a, b):                     # 该函数名与模块名都是 add
    return a + b
```

```
def sub(a, b):
    return a - b
```

（2）模块名与各函数名不同。例如，创建一个模块文件 mdu.py，包含两个自定义函数 mul() 和 div()，示例代码如下所示。

```
def mul(a, b):
    return a * b
def div(a, b):
    return a / b
```

2. 导入自定义模块和函数

（1）如果把模块文件 add.py 创建到 Python 安装目录下的 site-packages 文件夹内（如 C:\python3.10.6\Lib\site-packages），由于该位置为系统默认的模块搜索路径，那么使用该模块时，无须设置路径可以直接导入，示例代码如下所示。

```
>>> import add
>>> add.sub(8, 5)
3
```

（2）如果把模块文件 mdu.py 创建到其他文件夹内，那么使用该模块时，需要设置路径再导入。例如，把模块文件 mdu.py 创建到路径为“F:\p1\p2”的文件夹内，导入过程的示例代码如下所示。

```
>>> import os
>>> os.chdir("F:\\p1\\p2")        # 设置导入模块的路径
>>> import mdu                    # 导入模块
>>> mdu.mul(4, 3)
12
```

7.5.4　包的创建与导入

Python 提供的包文件夹一般位于安装目录下的 Lib 文件夹中，使用包文件夹时，可以通过 import 语句将包导入代码中。除了 Python 提供的包之外，用户也可以在其他位置创建和使用自定义的包，但使用时需要设置导入的路径。

1. 创建自定义包

例如，在路径为“F:\p1\p2\p3”的文件夹内，创建一个名为 pck 的文件夹作为包的名称。首先，在文件夹 pck 中创建一个 __init__.py 文件，编写包的说明信息（也可以是空文件）。然后，把已经编写好的模块文件 add.py 和 mdu.py 存放到这个文件夹中，如此便创建了一个名为 pck 的包。包与模块的目录结构如图 7-3 所示。

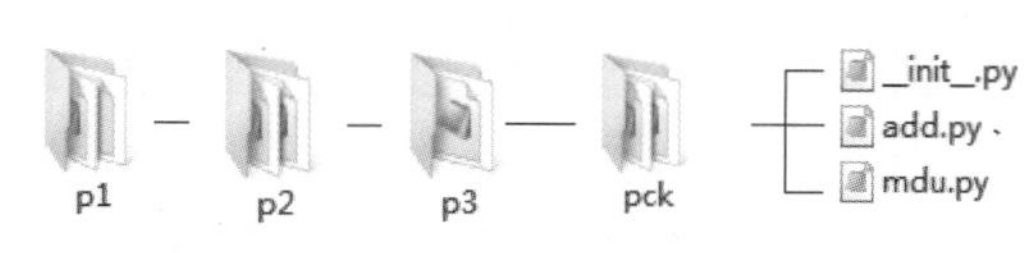

图 7-3　包与模块的目录结构

2. 导入自定义包和模块

自定义的包不在默认的搜索路径中，使用时需要先设置路径再导入。一般情况下，导入自定义包和模块有以下 3 种语法格式。

1）import 包名 . 模块名

这种格式调用包名 . 模块名下的函数时，需要以“包名 . 模块名”为前缀。

示例代码如下所示。

```
>>> import os
>>> os.chdir("F:\\p1\\p2\\p3")     # 设置导入包的路径
>>>import pck.add                  # 导入 pck 包中的模块 add
>>> pck.add.sub(8, 5)              # 导入 add 模块中的 sub() 函数
3
```

2）from 包名 . 模块名 import 函数名

这种格式只可调用包名 . 模块名下指定的函数，并且无须“包名 . 模块名”为前缀。

示例代码如下所示。

```
>>> import os
>>> os.chdir("F:\\p1\\p2\\p3")     # 设置导入包的路径
>>> from pck.mdu import mul        # 导入指定的 mul() 函数
>>> mul(8, 5)
40
```

3）from 包名 . 模块名 import *

这种格式可以调用所有函数，并且无须“包名 . 模块名”为前缀。

示例代码如下所示。

```
>>> import os
>>> os.chdir("F:\\p1\\p2\\p3")     # 设置导入包的路径
>>> from pck.mdu import *          # 导入所有函数
>>> div(8,2)                       #div() 是模块 mdu 中的函数
4.0
```

小结

本章首先介绍了 Python 程序设计中函数的定义及调用方法，包括匿名函数和嵌套函数，并给出了示例加以理解。接着，介绍了函数参数的两种传递方法，即值传递和地址传递，以及 4 种形式的传递方式。随后，以简明的方式讲解了递归函数的原理及简单应用，以及变量的作用域。最后，介绍了模块和包的基本知识，重点讲解了自定义模块和包的创建方法及导入方法。

学习本章知识，使学生深刻理解 Python 程序设计中对函数、模块和包的运用，可以控制程序的复杂性，提高编程效率，令程序设计结构清晰、可读性好，并且易于维护和扩充。

【思政元素融入】

在本章课程的知识介绍过程中，通过诸如“一分耕耘，一分收获”“道路自信、理论自信、制度自信、文化自信”等诸多词语的引入，作为函数定义与调用、参数传递和变量

作用域等知识点的示例，潜移默化地培养学生树立正确的世界观、人生观和价值观，以及严谨治学的态度和浓厚的家国情怀。另外，学习模块和包的创建等相关知识点，可以使学生在今后的学习和工作中，锻炼自己的整合归类能力和任务管理能力，增强团队合作意识，以便将来为祖国的建设和发展贡献自己的一份力量。

习题

一、选择题

1. 以下（　　）不是函数的作用。

A. 增强代码可读性　　B. 提高代码执行速度

C. 降低编程复杂度　　D. 复用代码

2. 以下关于函数返回值的描述正确的是（　　）。

A. Python 函数定义时可以没有返回值，也可以有一个或多个返回值

B. 函数定义中最多只包含一个 return 语句

C. 函数定义中使用 return 语句时，至少给一个返回值

D. 函数只能通过 print() 语句和 return 语句给出运行结果

3. 调用函数时，函数名后面的一对圆括号中给出的参数称为（　　）。

A. 形参　　B. 名字参数

C. 类型参数　　D. 实参

4. 运行下面程序的输出结果是（　　）。

```
def StudentInfo(country='中国', name):
    print('%s, %s'%(name, country))
StudentInfo('中国', '上海')
```

A. 中国，上海　　B. 上海，中国

C. 报错　　D. country='中国'，上海

5. 已知函数调用 Fun(**a)，则 a 的类型可能是（　　）。

A. 列表　　B. 元组　　C. 字典　　D. 集合

6. 全局变量的作用域是（　　）。

A. 从定义变量的位置到文件结束位置　　B. 所有函数

C. 从定义变量的位置到函数结束位置　　D. 整个程序

7. 下列选项中，描述错误的是（　　）。

A. 在函数体中，对形参赋值不会影响对应的实参值

B. 函数的形参名和实参名必须完全相同

C. 当有多个形参时，各形参之间用逗号分隔

D. 如果实参是列表等对象时，可在函数体中通过形参修改实参列表中对应元素的值

8. 下列选项中，属于局部变量的是（　　）。

A. 函数中用关键字 global 申明的变量　　B. 函数的形参

C. 函数的实参　　D. 函数外定义的变量

9. 递归函数指（　　）。

A. 把函数作为参数的一种函数

B. 在一个函数内部通过调用自己完成问题的求解

C. 一个函数不断被其他函数调用完成问题的求解

D. 在一个函数内部通过不断调用其他函数完成问题的求解

10. 运行以下程序的输出结果是（　　）。

```
f = lambda x: 5
print (f (3))
```

A. 3　　B. 5　　C. 3 5　　D. 35

11. 以下程序中使用的是（　　）传递方法。

```
def f(a, b):
    if a>b:
        print("1")
    elif a==b:
        print("2")
    else:
        print("3")
f(2, 3)
```

A. 可变参数　　B. 关键字参数　　C. 默认参数　　D. 位置参数

12. 运行下面程序的输出结果是（　　）。

```
n=2
def f(a):
    n=bool(a-2)
    return n
b=f(2)
print(n, b)
```

A. 2 0　　B. 0 True　　C. 2 False　　D. 0 False

二、填空题

1. 在 Python 程序中，使用函数分为两个步骤：定义函数和 ________。

2. 在 Python 程序中，函数定义需要使用 ________ 关键字。

3. ________ 是定义函数时函数名后面的一对圆括号中给出的参数列表。

4. ________ 函数也称为匿名函数，是一种不使用 def 定义函数的形式，其作用是能快速定义一个简短的函数。

5. 能够将一个函数的运算结果返回到调用函数的位置，并用该运算结果继续去参与其他运算，此时应使用 ________ 语句。

6. 定义一个包，就是创建一个文件夹并在该文件夹下创建一个 ________ 文件，文件夹的名字就是包名。

7. 按照作用域的不同，Python 中的变量可以分为局部变量和 ________。

8. 在一个函数中使用 ________ 关键字，可以声明在该函数中使用的是全局变量，而非局部变量。

9. 通过 ________ 关键字，内层的函数可以直接使用外层函数中定义的变量。

10. ________ 函数是指在一个函数内部通过调用自己来完成一个问题的求解。

三、编程题

1. 编写函数 func()，功能是输出一个 100 以内能被 5 整除且个位数为 5 的所有整数，返回这些数的个数。

2. 编写函数，传入一个字符串，拼接第一个和最后一个单词并返回。例如，字符串 "Fear of failure can become a self-fulfilling prophecy." 调用函数后结果为："Fear prophecy"。

3. 编写函数，输入任意两个正整数，求出它们的最小公倍数。

4. 编写函数，传入两个有序列表，合并成一个有序列表并返回。调用函数，传入列表 [2, 4, 6, 8] 和 [1, 3, 5, 7, 9]，返回 [1, 2, 3, 4, 5, 6, 7, 8, 9] 并输出。

5. 编写函数，对字典 {' 金融 ': 13, ' 计算机 ': 20, ' 教育 ': 10, ' 公安 ': 3} 排序，函数调用后进行格式化输出，即排序后的字典元素按值从大到小的方式单独一行进行输出。

6. 定义一个匿名函数，该匿名函数作为 sort() 函数的实参，实现将列表 lst= [(1, 'red'), (3, 'blue'), (2, 'green'), (4, 'white')] 的所有元素，按元组的第一个元素降序排列。

7. 编写函数，判断年份 n 是否为闰年。输入一个 4 位以内的整数作为函数参数进行调用，若是闰年，返回 True，否则返回 False。闰年条件为能被 4 整除但是不能被 100 整除或者能被 400 整除。

8. 编写一个函数，判断是否为回文数。调用该函数，输出 100 到 200 之间的回文数及个数（设 n 是一个自然数，如果 n 的各位数字反向排列所得自然数与 n 相等，则 n 被称为回文数，例如 121，123321）。

9. 编写递归函数，计算 $1!+3!+5!+\cdots+(2n-1)!$。

10. 编写一个模块 oddeven.py。当输入 n 为奇数时，调用该模块的 uneven() 函数，求 $1/1+1/3+\cdots+1/n$ 的值；当输入 n 为偶数时，调用该模块的 even() 函数，求 $1/2+1/4+\cdots+1/n$ 的值。

第 8 章 文　件

CHAPTER 8

在前面各个章节的知识介绍中，示例中的数据基本来自键盘输入，相对比较麻烦。示例代码运行后，其结果输出到显示屏幕，而一旦关闭解释器，所有数据都将从内存中释放并消失，不利于数据的重复利用。因此，在实际应用中，如果遇到数据量较大的情况，编程人员更希望从磁盘文件中读入数据，而在程序结束后，程序文件及输出数据能够被存放到磁盘文件中永久存储，以备再次使用。本章将学习 Python 程序中，文件读写操作以及文件系统操作的有关内容。

学习目标

（1）了解文件概念、文件分类。

（2）掌握文件的打开与关闭；掌握文件的写、读操作方法。

（3）理解 CSV 文件及 CSV 文件写、读操作方法。

（4）了解目录与文件的操作方法。

（5）通过本章课程的学习，培养学生储备知识及运用知识的能力，同时通过例题的学习体会长征精神，不忘初心、牢记使命，培养学生爱国主义情怀，成就伟大梦想。

学习重点

（1）掌握文件的打开与关闭方法。

（2）掌握文件的写、读操作方法。

（3）理解 CSV 文件写、读操作方法。

学习难点

掌握二进制文件的写、读操作方法。

8.1 文件概述

8.1.1 文件概念

1. 文件

文件是存储在磁盘或其他存储介质上有序信息的集合，主要作用是进行数据的传输、存储和数据共享。每个文件都有唯一的文件名和扩展名，文件名方便文件系统对其进行管理和识别，扩展名用来区分不同格式的文件。例如，扩展名为“.txt”的文件代表文本文件，扩展名为“.py”的文件代表 Python 程序文件，扩展名为“.jpg”的文件代表图像文件等。不同格式的文件其处理方法也不同，因此扩展名不能随意更改，否则将导致文件打不开或无法编辑。在对文件操作时，文件系统会根据文件名及扩展名进行文件的存取。

2. 文件系统

如果说文件是信息的一种组织形式，那么文件系统则是用来管理文件的存储、检索、更新、共享和保护的一种软件系统。文件系统主要提供以下几方面的管理功能。

（1）管理和调度文件的存储空间，提供文件的逻辑结构、物理结构和存储方法。

（2）实现文件从标识到实际地址的映射。

（3）实现文件的控制操作和存取操作。

（4）实现文件信息的共享，提供可靠的文件保密和保护措施，以及提供文件的安全措施。

8.1.2 文件分类

1. 普通文件和设备文件

根据文件依附的介质，可分为普通文件和设备文件。普通文件指存储在计算机外部存储介质上的数据集合，如文本文档、图片、程序文件等。设备文件指文件系统中代表设备的抽象文件，是一种链接，不是数据集合，如键盘、显示器等。

2. 顺序读写文件和随机读写文件

根据文件的访问方式不同，可分为顺序读写文件和随机读写文件。顺序读写文件指按照文件所存储数据的顺序从头到尾进行访问的文件。随机读写文件指文件存储的数据具有等长的数据结构，可以通过计算直接访问文件中特定记录的文件。

3. 文本文件和二进制文件

根据编码方式的不同，文件可以分为文本文件和二进制文件两种类型。

1）文本文件

文本文件是基于字符编码的文件，如记事本文件、配置文件、日志文件等，一般人员利用 Windows 文本编辑器可直接阅读和理解文件中的字符内容。其中对数字、字母、符号的编码，采用 ASCII 码编码方式（1 字节）；对汉字的编码，采用 ANSI（2 字节，中文系统是 GBK 码）、UTF-8（3 字节）或 UTF-16（2 字节或 4 字节）等编码方式。

例如，字符“A”的 ACSII 码编码为 01000001；字符“中”的 ANSI 编码为 11010110 11010000；字符“中”的 UTF-8 编码为 11100100 10111000 10101101。

当使用文本编辑器打开一个文件时，系统程序首先读取文件对应的二进制字节流，然后按照某种字符编码来解释这些字节流，并以可读形式显示。

2）二进制文件

二进制文件是由一系列字节组成的文件，不能用文本编辑器打开或编辑，通常需要使用特定的软件打开或编辑。例如，图像文件、音频文件、程序文件等二进制文件，分别需要借助图像编辑器或查看器、音频编辑器或播放器、程序编译器或解释器才能打开或编辑。由于二进制文件的读取直接针对字节流，所以二进制文件的读取相比文本文件的读取效率更高。

从文件的存储方式来看，文本文件与二进制文件在存储器上的存储方式，本质上都是以二进制形式进行存储的。从文件的写入方式来看，如果将内存里的数据先编码为字符串，再写入文件中，则形成文本文件；如果将内存里的数据以字节流方式直接写入文件中，则形成二进制文件，普通用户很难读懂其中的含义。

8.2 文件写读操作

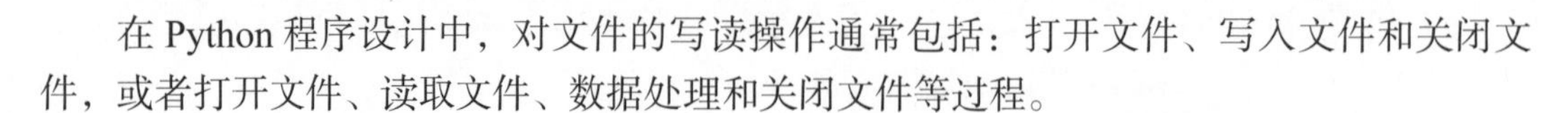

在 Python 程序设计中，对文件的写读操作通常包括：打开文件、写入文件和关闭文件，或者打开文件、读取文件、数据处理和关闭文件等过程。

视频讲解

8.2.1 文件的打开与关闭

1. 打开文件

Python 程序中，用于打开文件的内置函数是 open()，基本语法格式如下所示。

```
fp = open(file, mode, encoding)
```

其中，fp 表示文件对象名；参数 file 表示被打开的文件名，如果不是当前目录下的文件还需要给出路径；mode 表示文件的打开方式，其取值及描述如表 8-1 所示；encoding 表示文本文件的编码方式，其值一般为 GBK、UTF-8、UTF-16 等，默认编码方式为 GBK。二进制文件的打开，无须给出编码方式参数项。

表 8-1 mode 参数取值及描述

mode 值	含 义	描 述
'r'	只读模式	若文件不存在，则出现异常
'w'	写模式	若文件已存在，则覆盖原内容；若不存在，则创建新文件并写入
'a'	追加模式	若文件已存在，则在文尾追加内容；若不存在，则创建新文件并写入
't'	文本模式	与 r、w、a 组合使用，t 可省略
'b'	二进制模式	与 r、w、a 组合使用，如 rb、wb、ab
'+'	读写组合模式	组合使用，如 r+、w+、a+ 或 rb+、wb+、ab+

表 8-1 中，t、b、+这 3 种 mode 值均不能单独使用，都需要与 r、w、a 之一组合使用。例如，在交互式环境下以 w+方式打开一个文件，示例代码如下所示。

```
>>> fp=open("D:\\Python\\myabc.txt", 'w+', encoding="GBK")
```

该示例表示，在允许写入并可以读取文件的模式下，打开了 D 盘 Python 目录下的文件 myabc.txt，并赋予文件对象名为 fp。

2. 关闭文件

关闭文件的目的是释放文件对象占用的系统缓冲区资源。因为大量未关闭的文件，会对系统的性能造成影响。关闭文件使用 close() 方法实现，基本语法格式如下所示。

```
文件对象名 .close()
```

close() 方法没有参数，也没有返回值。

例如，关闭文件对象名为 fp 的文件，示例代码如下所示。

```
>>> fp.close()
>>> print(fp.closed)            #closed 的属性值为 True 或 False
True
```

该示例中，closed 为文件对象的常用属性，用于判断文件是否关闭。输出值 True 表明文件已被关闭，否则文件处于打开状态。文件关闭后，文件对象 fp 也被释放。

3. 自动关闭文件

脚本文件中使用 with 语句，可以使程序执行完毕后自动关闭文件，从而避免文件关闭的疏忽。with 语句的基本语法格式如下所示。

```
with open(filename, mode, encoding) as 文件对象名
```

【例 8.1】编写程序，利用 with 语句打开或创建文件 p8_1.txt，并用文件对象的 closed 属性测试程序中的文件是否被自动关闭。

示例代码如下所示。

```
fileName="D:\\Python\\p8_1.txt"
with open(fileName,'w+') as fp:  # 打开或创建文件 p8_1.txt
    pass
if fp.closed:
    print('file is closed!')
else:
    print('file is open.')
```

运行结果如下所示。

```
file is closed!                  # 表明文件已被自动关闭
```

该程序中，关键字 pass 表示一个空语句，即什么都不做。它的用法通常是为了保持程序结构的完整性，或者在编写代码时仅作为一个占位符使用。

8.2.2　文件写入与读取

视频讲解

1. 文本文件的写入与读取操作

（1）对于文本文件的写入操作，Python 语言提供了两种方法。

① 写入一个字符串用 write() 方法实现，基本语法格式如下所示。

```
文件对象名 .write(str)
```

其中，参数 str 是字符串对象。该方法将一个字符串写入文件对象，并返回写入文件的字符数。

【例 8.2】编写程序，将字符串 " 自信自强、守正创新。" 写入文件 p8_1.txt 中。

示例代码如下所示。

```
str=" 自信自强、守正创新。"
fp = open("D:\\Python\\p8_1.txt","w+")     # 写入模式打开文件
fp.write(str)                             # 写入文件并返回写入文件的字符数
fp.close()
```

运行该程序后，到目录 D:\Python 下，打开 p8_1.txt 文件，查看写入的内容，如图 8-1 所示。

【例 8.3】编写程序，复制 p8_1.txt 文件，将副本重命名为 p8_2.txt，以追加方式打开文件 p8_2.txt，继续写入字符串 " 踔厉奋发、勇毅前行。"。

示例代码如下所示。

```
str=" 踔厉奋发、勇毅前行。"
fp = open("D:\\Python\\p8_2.txt","a+")      # 追加模式打开文件
print(fp.write(str))                        # 写入文件并显示写入文件的字符数
fp.close()
```

运行该程序后，到目录 D:\Python 下，打开 p8_2.txt 文件，查看写入和追加的内容，如图 8-2 所示。

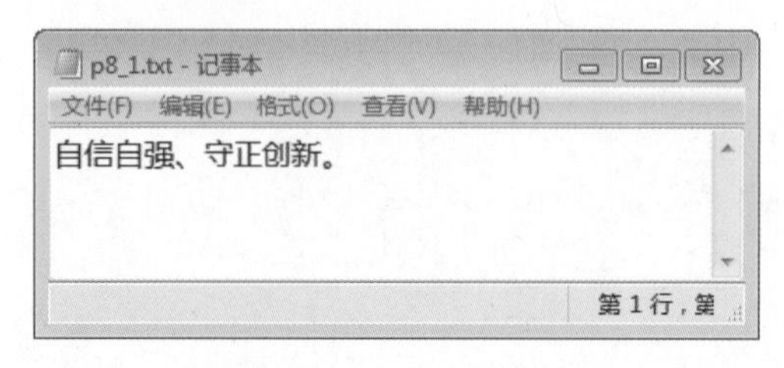

图 8-1　p8_1.txt 文件内容

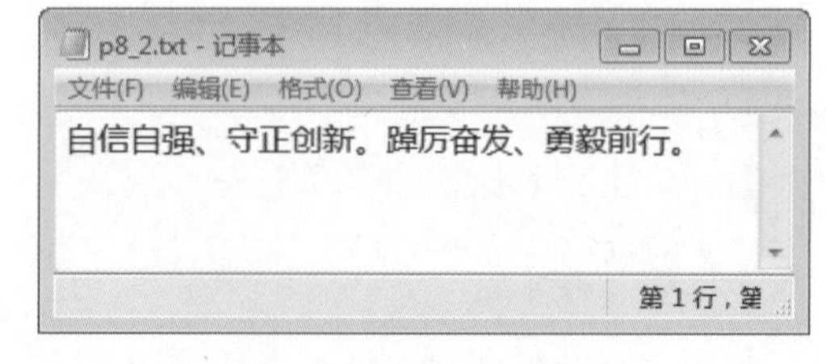

图 8-2　p8_2.txt 文件内容

② 写入多行字符串用 writelines() 方法实现，基本语法格式如下所示。

```
文件对象名 .writelines(strlist)
```

其中，参数 strlist 是字符串列表对象，列表中的元素必须都是字符串。该方法将列表中各元素写入文件对象，无返回值。

【例 8.4】编写程序，将字符串列表 strlist 中的各元素写入文本文件 p8_3.txt 中。

示例代码如下所示。

```
strlist = [" 红军不怕远征难，\n", " 万水千山只等闲。\n", " 五岭逶迤腾细浪，\n",
" 乌蒙磅礴走泥丸。"]
fileName = "D:\\Python\\p8_3.txt"
try:
    fp = open(fileName, "w+")          # 写入模式打开文件
    fp.writelines(strlist)
    fp.close()
    print(" 字符串列表已写入文件！ ")
except:
    print(" 字符串列表未写入文件！ ")
```

运行结果如下所示。

```
字符串列表已写入文件！
```

到目录 D:\Python 下，打开 p8_3.txt 文件，查看写入的内容，如图 8-3 所示。

（2）对于文本文件的读取操作，Python 语言提供了 4 种不同的方法。

① 读取指定字符数使用 read() 方法实现，基本语法格式如下所示。

```
文件对象名 .read(n)
```

read() 方法表示从文件中的当前位置（指针），读取 n 个字符并返回一个字符串，如果读取的字符跨行，则返回的字符串中包含换行符 \n。如果参数 n 省略，则表示读取整个文本内容。

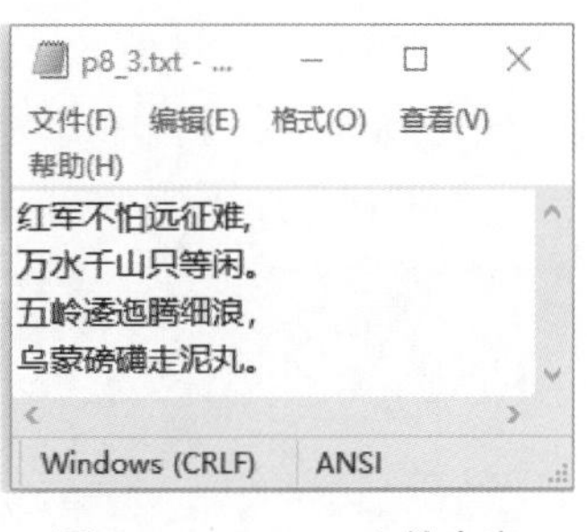

图 8-3　p8_3.txt 文件内容

例如，从文本文件 p8_3.txt 开始处读取 17 个字符，示例代码如下所示。

```
>>> fp = open("D:\\Python\\p8_3.txt", "r")    # 只读模式打开文件
>>> print(fp.read(17))
红军不怕远征难，
万水千山只等闲。
>>> fp.close()
```

② 读取一行内容用 readline() 方法实现，基本语法格式如下所示。

```
文件对象名 .readline()
```

readline() 方法表示从文件中的当前位置，读取一行字符，并返回一个字符串，返回的字符串包含换行符 \n。

例如，从文本文件 p8_3.txt 开始处读取一行字符，示例代码如下所示。

```
>>> fp = open("D:\\Python\\p8_3.txt","r")
>>> print(fp.readline())
红军不怕远征难，
>>> fp.close()
```

③ 读取多行内容用 readlines() 方法实现，基本语法格式如下所示。

```
文件对象名 .readlines()
```

readlines() 方法表示从文件中的当前位置，按行读取文件中的所有字符，返回一个列表。读取结束后，文件指针移动到文件的末尾。

例如，从文本文件 p8_3.txt 开始处读取所有行的字符，示例代码如下所示。

```
>>> fp=open("D:\\Python\\p8_3.txt","r")
>>> print(fp. readlines ())
['红军不怕远征难，\n', '万水千山只等闲。\n', '五岭逶迤腾细浪，\n', '乌蒙磅礴走
泥丸。']
>>> fp.close()
```

④ 用循环遍历方法读取文件内容，基本语法格式如下所示。

```
for line in f:
    print(line)
```

其中，f 表示文件对象名，变量 line 表示每行字符。

【例 8.5】编写程序，用循环遍历方法读取文件 p8_3.txt 中的内容。

示例代码如下所示。

```
fp = open("D:\\Python\\p8_3.txt", "r")
for line in fp:
    print(line, end='')
fp.close()
```

运行结果如下所示。

```
红军不怕远征难，
万水千山只等闲。
五岭逶迤腾细浪，
乌蒙磅礴走泥丸。
```

2. 二进制文件的写入与读取操作

（1）对于二进制文件的写入操作，Python 提供了两种方法。

① 使用 write() 方法，将字符串写入二进制文件对象中，基本语法格式如下所示。

```
文件对象名 .write(strcode)
```

该方法要求以二进制方式打开文件，而且参数 strcode 必须是字节流对象，也就是说，字符串必须转换为字节流形式才能写入二进制文件中。

如果字符串中仅包含 ASCII 码字符，则可以用前缀符 b 直接转换为字节流形式，写入二进制文件；如果字符串中含有汉字字符，则需要用 encode() 方法编码成字节流，再写入二进制文件。

【例 8.6】编写程序，将字符串 s='hello，China!'，以字节流的形式写入二进制文件 p8_1.dat。

示例代码如下所示。

```
s = b'hello, China!'                        # 仅包含 ASCII 码字符，可以直接转为字节流
fileName = "D:\\Python\\p8_1.dat"
try:
    with open(fileName, "wb") as f:  # 如果文件不存在，则创建新文件并写入
        f.write(s)                          # 以字节流方式直接写入二进制文件
    print(" 字节流已写入文件！ ")
except:
    print(" 字节流没有写入文件！ ")
```

运行结果如下所示。

```
字节流已写入文件！
```

【例 8.7】编写程序，将含有汉字字符的字符串 s="hello! 我的祖国 "，写入二进制文件 p8_2.dat。

示例代码如下所示。

```
s="hello! 我的祖国 "
fileName="D:\\Python\\p8_2.dat"
try:
    with open(fileName, "wb")as f: # 写方式打开二进制文件
        f.write(s.encode("gbk")) # 含有汉字字符，需要编码为字节流写入二进制文件
    print(" 字节流已写入文件！ ")
except:
    print(" 字节流没有写入文件！ ")
```

运行结果如下所示。

```
字节流已写入文件!
```

② 使用 flush() 方法，将缓冲区的数据实时写入文件对象中，基本语法格式如下所示。

```
文件对象名 .flush()
```

在进行文件读写操作时，文件系统会开辟一个缓冲区来暂存数据，等到被写入的文件关闭或缓冲区满时，才会将缓冲区的数据写入文件中。Python 程序中，使用 flush() 方法来刷新文件缓冲区，通常将 write() 方法与 flush() 方法搭配使用，以便于实时将数据写入文件对象中。

【例 8.8】编写程序，将字节流 b'hello! \xce\xd2\xb5\xc4\xd7\xe6\xb9\xfa'，写入二进制文件 p8_3.dat 中。

示例代码如下所示。

```
x=b'hello! \xce\xd2\xb5\xc4\xd7\xe6\xb9\xfa'
file="D:\\Python\\p8_3.dat"
try:
    f= open(file, "wb")
    f.write(x)
    f.flush()                        # 文件未关闭，用 flush() 方法刷新文件缓冲区
    print(" 字节流已写入文件！ ")
except:
    print(" 字节流没有写入文件！ ")
f.close()
```

运行结果如下所示。

```
字节流已写入文件!
```

（2）对于二进制文件的读取操作，使用 read() 方法实现，基本语法格式如下所示。

```
文件对象名 .read(nbytes)
```

其中，参数 nbytes 表示读取的字节数。如果参数省略，则表示读取所有字节。

【例 8.9】编写程序，读取二进制文件 p8_2.dat 中的所有字节并解码显示。

示例代码如下所示。

```
fileName = "D:\\Python\\p8_2.dat"
try:
```

```
    with open(fileName, "rb") as f:                # 只读方式打开二进制文件
        byte = f.read()
        print(byte)                                 # 直接显示字节序列
        print("解码后：", byte.decode("GBK"))      # 将字节序列解码显示
except:
    print("文件读取不成功！")
```

运行结果如下所示。

```
b'hello! \xce\xd2\xb5\xc4\xd7\xe6\xb9\xfa'
解码后：hello! 我的祖国
```

该程序中，二进制文件 p8_2.dat 中的字节序列，在例 8.7 的程序中是以 GBK 编码的方式写入的，因此，本例中字节序列必须以 GBK 解码方式显示。

（3）借助标准模块实现二进制文件的写入与读取。

二进制文件的写入与读取操作还可以借助标准模块实现，如 pickle 模块、shelve 模块等，本书暂不作介绍，有兴趣编程的同学可课后自学。

8.2.3 文件位置指针

随着文件的读写操作，文件指针位置会做出相应的改变，调整文件指针的位置可以实现文件内容的随机读写与追加操作。

1. 定位文件指针

定位文件指针的位置，使用 seek() 方法实现，基本语法格式如下所示。

```
文件对象名.seek(offset[, from])
```

其中，参数 offset 表示偏移量（字节数）。参数 from 表示起始位置，省略或其值为 0 时，表示从文件首开始；值为 1 时，表示从当前位置开始；值为 2 时，表示从文件末尾开始。该方法返回文件指针的位置（整数）。

【例 8.10】编写程序，利用文件指针定位方法 seek()，输出文件 p8_3.txt 中后两行数据。

示例代码如下所示。

```
fp = open("D:\\Python\\p8_3.txt", "r")
fp.seek(35,0)                          # 指针定位到第 35 个字符位置
print(fp.readlines())
fp.close()
```

运行结果如下所示。

```
['五岭逶迤腾细浪，\n', '乌蒙磅礴走泥丸。']
```

2. 获取文件指针位置

获取文件指针当前的位置，使用 tell() 方法实现，基本语法格式如下所示。

```
文件对象.tell()
```

tell() 方法没有参数，返回文件指针的位置（整数）。

示例代码如下所示。

```
>>> fp = open("D:\\Python\\p8_3.txt", "r")
>>> fp.readline()
'红军不怕远征难，\n'
>>> fp.tell()
18                                      # 文件指针在第 18 个字符位置
```

8.3　CSV 文件写读操作

视频讲解

CSV（Comma-Separated Values，逗号分隔值）文件以纯文本形式存储表格数据，近似一种通用的表格文件。由于其相对简单、易于解读的文件格式，被广泛应用于数据处理、数据分析、数据可视化和机器学习等领域。

8.3.1　CSV 文件概述

CSV 文件是一种以逗号或制表符分隔字符的纯文本文件类型，扩展名为 .csv。从直观形式上来看，CSV 文件由任意数量的记录构成，每条记录以换行符分隔。记录又由字段进行组织，字段之间以逗号或制表符作为分隔符，所有记录都有相同的字段序列。CSV 文件可以用 WordPad 文字处理软件或者记事本软件来打开阅读，也可以用 Excel 表格处理应用软件打开阅读。另外，CSV 文件格式还具有一些特定的存储规则。

（1）文件开头不允许出现空行。

（2）可包含字段名（第一行），也可不包含字段名。

（3）每条记录不跨行，也不允许出现空行记录。

（4）以半角逗号作分隔符，字段值为空也要留有逗号分隔符，即保留位置。

（5）字段值如果存在半角引号或逗号，需要转义写入。

（6）编码格式不限，可以为 ASCII 码、GBK、UTF-8 或者其他编码格式。

（7）不支持数值或部分特殊字符。

8.3.2　CSV 文件写入与读取

在 Python 语言中，系统解释器提供了数据列表与 CSV 文件写入和读取的标准模块，即 csv 模块。下面通过几个示例具体介绍 csv 模块的常用方法。

1. CSV 文件数据结构

利用 CSV 文件进行数据存储时，需要注意数据的存储格式。Python 程序中，数据写入 CSV 文件之前，以列表的形式存储。反过来，由 CSV 文件导出的数据存储于列表中。

一维列表存储一维数据，是一种线性的数据存储结构。示例代码如下所示。

```
>>>lst = ['120001', '80', '90', '70']
```

二维列表存储二维数据，是一种非线性的数据存储结构。示例代码如下所示。

```
>>>lst = [['120001', '80', '90', '70']
          ['120002', '60', '78', '70']
          ['120003', '87', '92', '95']
          ['120004', '50', '75', '80']]
```

可以看到，二维列表是由若干一维列表组成的。

2. CSV 文件的写入

将数据列表写入 CSV 文件需要分两个步骤来完成。

（1）利用 csv 模块中的 writer() 函数，生成一个 csv 格式的文件对象 fcsv。writer() 函数的基本语法格式如下所示。

```
fcsv = csv.writer(csvfile)
```

其中，参数 csvfile 是用 open() 函数打开或创建的且具有写入功能的文件对象。如果将 csvfile 文件对象作为实参传给 writer() 函数，则调用 open() 函数打开文件时，需加上一个关键字参数 newline=''。等号左边的 fcsv 是返回的 csv 格式的文件对象。

（2）利用 csv 模块中的 writerow() 函数，将一维列表数据写入 fcsv 文件对象中。writerow() 函数的基本语法格式如下所示。

```
fcsv.writerow(row)
```

其中，参数 row 表示要写入的一维列表对象。

或利用 csv 模块中的 writerows() 函数，将二维列表数据 rows 写入 fcsv 文件对象中。writerows() 函数的基本语法格式如下所示。

```
fcsv.writerows(rows)
```

其中，参数 rows 表示要写入的二维列表对象。

【例 8.11】编写程序，将 4 名学生的学号及 3 门课程（高等数学、大学英语、计算机导论）成绩，写入 p8_1.csv 文件中。

示例代码如下所示。

```
import csv                                          # 导入 csv 模块
data2D = [['120001', '60', '78', '70'],             # 第 1 名学生的学号和 3 门课程成绩
          ['120002', '90', '80', '90'],             # 第 2 名学生的学号和 3 门课程成绩
          ['120003', '87', '92', '95'],             # 第 3 名学生的学号和 3 门课程成绩
          ['120004', '50', '75', '80']]             # 第 4 名学生的学号和 3 门课程成绩
with open('D:\\Python\\p8_1.csv', 'w', newline='') as csvfile:
    fw = csv.writer(csvfile)                        # 生成 csv 格式的文件对象 fw
    fw.writerow(['学号','高等数学', '大学英语', '计算机导论'])
# 字段名写入 CSV 文件
    fw.writerows(data2D)                            # 二维数据列表写入 CSV 文件
```

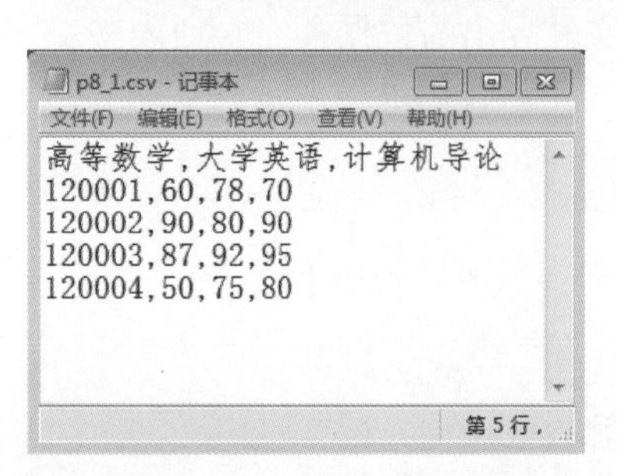

图 8-4 p8_1.csv 文件内容

到目录 D:\Python 下，用记事本方式打开 p8_1.csv 文件，查看写入的内容，如图 8-4 所示。

本示例中，如果二维列表中的子元素值是数值型数据，则写入 CSV 文件后，数值型数据将被转换为字符串类型数据。

3. CSV 文件的读取

csv 模块的 reader() 函数可以生成一个 reader 对象 fr，使用该对象可以将以逗号分隔的数据从 CSV 文件读

取出来。reader() 函数的基本语法格式如下所示。

```
fr = csv.reader(csvfile)
```

其中，参数 csvfile 是用 open() 函数打开且具有读取功能的文件对象；fr 是生成的可迭代的文件对象。如果将 csvfile 文件对象作为实参传给 reader() 函数，则调用 open() 函数打开文件时，需加上一个关键字参数 newline=''。

由于返回的 reader 对象 fr 是一个可迭代对象，因此可以使用 for 循环遍历 CSV 文件中的每一行数据，每一行数据将存放到一个字符串类型的列表中。

【例 8.12】编写程序，读取 p8_1.csv 文件中的数据，并存放到二维列表 lst 中。

示例代码如下所示。

```
import csv
lst = []
with open('D:\\Python\\p8_1.csv', 'r', newline='') as csvfile:
    fr = csv.reader(csvfile)   # 返回 csv 格式的文件对象 fr
    for line in fr:            # 遍历 fr 中的每一行数据
        lst.append(line)       # 写入二维列表中
    print(lst)
```

运行结果如下所示。

```
[['学号','高等数学', '大学英语', '计算机导论'], ['120001', '60', '78',
'70'], ['120002', '90', '80', '90'], ['120003', '87', '92', '95'],
['120004', '50', '75', '80']]。
```

8.4 目录与文件操作

文件系统是用于存储和组织计算机数据的一种软件系统，也是计算机操作系统的核心组成部分之一。主要作用是管理计算机存储设备上的数据，包括文件、目录和环境变量等，以便用户方便地存取和使用这些数据。在 Python 语言中，对文件系统的操作是通过 os（operation system）、os.path 和 shutil（shell utilities）等模块来完成的。这些模块提供了众多针对文件、目录和环境变量等对象的操作方法。

本节主要介绍 os 模块中一些常用的函数，其功能说明如表 8-2 所示。

表 8-2　os 模块的常用函数及功能说明

函　数	功能说明
chmod(file)	修改文件权限和时间戳
exit()	终止当前进程
environ [varname] = value	获取或修改环境变量的值
getenv(varname)	获取环境变量的值
putenv(varname, value)	设置环境变量的值
getcwd()	获取当前工作目录的路径

续表

函　　数	功能说明
chdir(path)	修改当前工作目录为指定的目录
listdir(path)	返回指定目录中的文件和目录列表
mkdir(path)	创建一个目录
makedirs(path)	递归创建多级目录，包括必要的父目录
remove(path)	删除指定路径的文件
rmdir(path)	删除指定路径的空目录
removedirs(path)	递归删除指定路径的目录树
rename(src, dst)	将文件或目录由 src 重命名为 dst
startfile(filepath[, operation])	使用关联的应用程序打开指定文件或启动指定应用程序
stat(file)	获得文件属性
system()	运行 shell 命令，调用外部程序

表 8-2 中列出的函数只是一部分常用函数，os 模块还提供了其他功能丰富的函数和常量，可以根据具体需求进一步探索和学习。

8.4.1 目录操作

目录操作其实就是针对文件夹的操作。

1. 获取当前目录

使用 getcwd() 函数，获取当前的工作目录，基本语法格式如下所示。

```
os.getcwd()
```

getcwd() 函数不需要参数，以字符串方式返回当前工作目录的路径。

示例代码如下所示。

```
>>> import os
>>> os.getcwd()
'C:\\Users\\Administrator\\AppData\\Local\\Programs\\Python\\Python38-32'
```

2. 改变当前目录

使用 chdir() 函数，修改当前工作目录为指定的目录，基本语法格式如下所示。

```
os.chdir(path)
```

其中，path 为指定的目标目录，该函数无返回值。可以使用 getcwd() 函数查看修改的结果。

示例代码如下所示。

```
>>> import os
>>> os.chdir('D:\\Python')      # 修改当前工作目录为指定的目录 D:\Python
>>> os.getcwd()
'D:\\Python'
```

3. 获取目录列表

使用 listdir() 函数，获取指定目录下的文件和文件夹，基本语法格式如下所示。

```
os.listdir(path)
```

listdir() 函数返回指定目录下文件名和文件夹名的字符串列表，path 为指定的目录。

示例代码如下所示。

```
>>> import os
>>> os.listdir('D:\\Python')
['abc_bin.py', 'abc_bin2.py', 'binfile', 'bin_wt.py', 'csvfile', 'csv_w.py',
'mytxt.py', 'p8_1.py', 'p8_2txt_wt.py', 'p8_3strlist_wt.py', 'read_txt.py',
'shiyan1.py', 'txtfile']
```

需要注意的是，在列表元素中，不含'.'字符的字符串是文件夹名，含有'.'字符的字符串是文件名。

4. 创建目录

（1）使用 mkdir() 函数，创建一个新文件夹，基本语法格式如下所示。

```
os.mkdir(path)
```

mkdir(path) 指在 path 指定的目录下创建一个新文件夹。

（2）使用 makedirs() 函数，创建多级新文件夹，基本语法格式如下所示。

```
os.makedirs(path)
```

makedirs(path) 指在 path 指定的目录下创建多级新文件夹。

示例代码如下所示。

```
>>> import os
>>> os.mkdir('folder1')          # 在当前目录下，新建文件夹 folder1
>>> os.makedirs('folder2\subfolder')
# 在当前目录下，新建文件夹 folder2 及其子文件夹 subfolder
>>> os.listdir()                 # 无参数表示查看当前工作目录的文件和文件夹
['abc_bin.py', 'abc_bin2.py', 'binfile', 'bin_wt.py', 'csvfile', 'csv_w.py',
'folder1', 'folder2', 'mytxt.py', 'p8_1.py', 'p8_2txt_wt.py',
'p8_3strlist_wt.py', 'read_txt.py', 'shiyan1.py', 'txtfile']
```

由输出结果可见，folder1 和 folder2 是新建的文件夹。查看文件夹 folder2 下的内容，示例代码如下所示。

```
>>> os.listdir('folder2')
['subfolder']
```

5. 删除目录

使用 rmdir() 函数，删除指定路径下的空文件夹，基本语法格式如下所示。

```
os.rmdir(path)
```

该函数无返回值，可以使用 listdir() 函数查看删除结果。如果要删除的文件夹不存在或不为空，则会分别引发 FileNotFoundError 或 OSError 异常。

示例代码如下所示。

```
>>> import os
>>> os.rmdir('folder2\subfolder')
# 当前目录下，删除文件夹 folder2 下的子文件夹 subfolder
>>> os.listdir('folder2')       # 当前目录下，查看文件夹 folder2 下的内容
[]
```

6. 环境变量

环境变量是存储在操作系统中用来指定系统运行环境的一些参数，也是控制操作系统进程行为的键值对集合。例如，名为 path 的环境变量，其值为操作系统查找可执行文件时要搜索的目录列表；名为 home 的环境变量，其值为当前用户的主目录路径。

（1）使用 getenv() 函数，检索给定环境变量的值，基本语法格式如下所示。

```
os.getenv(varname)
```

其中，varname 是要检索的环境变量的名称，该函数以字符串方式返回指定环境变量的值。如果环境变量不存在，则返回 None。

示例代码如下所示。

```
>>> import os
>>> os.getenv('path')             # 查找系统可执行文件时要搜索的目录列表
'F:\\Python38\\Scripts\\;F:\\Python38\\;C:\\Windows\\system32;C:\\Windows;
C:\\Windows\\System32\\Wbem;C:\\Windows\\System32\\WindowsPowerShell\\
v1.0\\;C:\\Program Files (x86)\\ATI Technologies\\ATI.ACE\\Core-Static;
D:\\Program Files\\MATLAB\\R2014b\\runtime\\win64;D:\\Program Files\\
MATLAB\\R2014b\\bin;D:\\Program Files\\MATLAB\\R2014b\\polyspace\\bin;
C:\\Users\\Administrator\\AppData\\Local\\Programs\\Python\\Python38-32\\
Scripts\\;C:\\Users\\Administrator\\AppData\\Local\\Programs\\Python\\
Python38-32\\;D:\\python3.8\\Scripts\\;D:\\python3.8\\;C:\\Program Files\\
Bandizip\\'
>>> os.getenv('home')             # 查找当前用户的目录路径
'C:\\Users\\Administrator'
```

（2）使用字典对象 environ，设置当前进程中指定环境变量的值，基本语法格式如下所示。

```
os.environ[varname]= value
```

其中，environ 是 os 模块中的一个字典对象，它映射了系统环境变量的键值对，主要用于读取、设置和删除环境变量。varname 表示指定的环境变量名，value 表示要设置的值。需要注意的是，varname 和 value 均为字符串类型。如果不给出 value 的值，则该函数返回指定环境变量的默认值；如果尝试获取不存在的环境变量，将引发 KeyError 异常。

示例代码如下所示。

```
>>> import os
>>> os.environ['home']                        # 返回指定环境变量 home 的默认值
'C:\\Users\\Administrator'
>>> os.environ['home']= 'D:\\Python'  # 设置环境变量 home 的值为 'D:\\Python'
>>> os.getenv('home')
'D:\\Python'
```

8.4.2 文件操作

1. 文件、文件夹的重命名及移动

使用 rename() 函数，实现文件或文件夹的重命名，也可以实现文件或文件夹的移动，基本语法格式如下所示。

```
os.rename(oldfile, newfile)
```

其中，oldfile 表示原文件或文件夹，newfile 表示目标文件或文件夹。如果 oldfile 和 newfile 的路径一致而文件名或文件夹名不相同，则是对文件或文件夹进行重命名；如果路径不一致，而文件名或文件夹名相同，则表示将原文件或文件夹移动到新的路径下。

示例代码如下所示。

```
>>> import os
>>> os.rename('folder1','folder3')
# 将当前目录下的文件夹 folder1，重命名为 folder3
>>> os.rename('abc_bin1.py','folder3\\abc_bin1.py')
# 将当前目录下的文件 abc_bin1.py，移动到子文件夹 folder3 下
```

2. 文件的删除

使用 remove() 函数，删除指定目录下的文件，基本语法格式如下所示。

```
os.remove(path)
```

其中，path 表示指定目录下的文件。如果指定目录下不是文件，而是文件夹，则引发 OSError 异常。

示例代码如下所示。

```
>>> import os
>>> os.remove('folder3\\abc_bin1.py')
# 删除文件夹 folder3 中的文件 abc_bin1.py
```

3. 文件的复制

os 模块没有提供文件复制的函数，但可以利用 shutil 模块提供的 copy() 函数实现文件复制或重命名。shutil 模块的常用函数及功能说明如表 8-3 所示。

表 8-3　shutil 模块的常用函数及功能说明

函　　数	功能说明
copy(src, dst)	复制文件
copytree(src, dst)	递归复制文件夹

续表

函　　数	功能说明
disk_usage(path)	查看磁盘使用情况
move(src, dst)	移动文件或递归移动文件夹，也可以给文件和文件夹重命名
rmtree(path)	递归删除文件夹
make_archive(base_name, format, root_dir=None, base_dir=None)	创建 tar 或 zip 格式的压缩文件
unpack_archive(filename, extract_dir=None, format=None)	解压缩压缩文件

表 8-3 中，copy() 函数用来实现文件复制或重命名，基本语法格式如下所示。

```
copy(' oldfile ',' newfile ')
```

其中，oldfile 是原文件，newfile 是目标文件。该函数以字符串方式返回目标文件的路径。如果原文件与目标文件的文件名不相同，则文件实现复制的同时也被重命名；如果原文件不存在，则会引发 FileNotFoundError 异常；如果目标文件已存在，则会覆盖目标文件的内容。

示例代码如下所示。

```
>>> import shutil
>>> shutil.copy('txtfile\\abc.txt','folder1\\abc.txt')
# 当前目录下，将文件夹 txtfile 中的 abc.txt 文件复制到文件夹 folder1 中
>>> shutil.copy('txtfile\\abc.txt','folder1\\newabc.txt')
# 当前目录下，将文件夹 txtfile 中的 abc.txt 文件复制到文件夹 folder1 中
# 并重命名为 newabc.txt
```

4. 判断文件是否存在

os 模块下的子模块 os.path，是一个专门用于文件路径操作的模块。该模块的常用函数及功能说明如表 8-4 所示。

表 8-4　os.path 模块的常用函数及功能说明

函　　数	功能说明
abspath(path)	返回所给路径的绝对路径
exists(path)	判断给定路径的文件或文件夹是否存在，返回值为 True/False
dirname(path)	返回所给路径的文件夹部分
isabs(path)	判断 path 是否为绝对路径
isdir(path)	判断 path 是否为文件夹，返回值为 True/False
isfile(path)	判断 path 是否为文件，返回值为 True/False
join(path, *paths)	连接两个或多个 path
relpath(path)	返回给定路径的相对路径，不能跨越磁盘驱动器或分区
samefile(f1, f2)	测试 f1 和 f2 这两个路径是否引用同一个文件
split(path)	分割文件名与路径，以元组形式返回文件名和路径
splitext(path)	从路径中分隔文件的扩展名
splitdrive(path)	从路径中分隔驱动器的名称

表 8-4 中，exists() 函数用来判断路径下的文件或文件夹是否存在，基本语法格式如下所示。

```
os.path.exists(path)
```

其中，path 表示文件或文件夹所在的路径。如果文件或文件夹存在，则返回 True；如果文件或文件夹不存在，则返回 False。

示例代码如下所示。

```
>>> os.path.exists('D:\\Python\\folder2\\abc.txt')
True
>>> os.path.exists('D:\\Python\\folder2\\subfolder')
True
```

小结

本章在文件概述的基础上，重点介绍了 Python 程序设计中文件的写入和读取方法，包括文本文件、二进制文件和 CSV 文件的具体写入与读取方法，同时给出了示例加以理解。并简单介绍了 Python 程序设计中，文件系统操作的几个基本模块，如 os 模块、os.path 模块和 shutil 模块，并以示例方式诠释了目录与文件操作的一些基本方法。

学习本章知识，使学生深刻地了解 Python 程序设计中数据存取的重要性，培养学生储备知识及运用知识的能力。

【思政元素融入】

在本章课程的知识介绍过程中，通过诗词《七律·长征》示例的学习，明示学习的动力和目的。让学生体会到长征精神，要坚持心中的理想，不惧艰难，勇于探索，不忘初心、牢记使命。同时培养学生们坚韧不拔的做事毅力以及爱国主义情怀，以达到为成就将来的伟大梦想而努力拼搏的教学目的。

习题

一、选择题

1. 以下关于文件的打开和关闭的描述，正确的是（　　）。

A. 二进制文件不能使用记事本程序打开

B. 二进制文件可以使用记事本打开，也可以使用其他文本编辑器打开，但是一般来说无法正常查看其中的内容

C. 使用内置函数 open() 且以 "w" 模式打开文件，若文件存在，则会引发异常

D. 使用内置函数 open() 打开文件时，只要文件路径正确就总可以正确打开

2. 以下关于文件的描述，正确的是（　　）。

A. 使用 open() 打开文件时，必须要用 "r" 或 "w" 指定打开方式，不能省略

B. 使用 readlines() 方法可以读取文件中的全部文本，返回一个列表

C. 文件打开后，可以用 write() 方法控制对文件内容的读写位置

D. 如果没有使用 close() 关闭文件，Python 程序退出时文件将不会自动关闭

3. 以下关于数据组织的描述中，错误的是（　　）。

A. 一维数据采用线性方式组织，可以用 Python 集合或列表类型表示

B. 列表类型仅用于表示一维和二维数据

C. 二维数据采用表格方式组织，可以用 Python 列表类型表示

D. 更高维数据组织由键值对类型的数据构成，可以用 Python 字典类型表示

4. 以下属于 Python 读取文件中一行内容的操作是（　　）。

A. readtext()　　B. readline()　　C. readall()　　D. read()

5. 文件 myabc.txt 在当前程序所在目录内，其内容是一段文本“学史明理、学史增信、学史崇德、学史力行”。则下面程序的输出结果是（　　）。

```
f=open("myabc.txt")
print(f)
f.close()
```

A. 学史明理、学史增信、学史崇德、学史力行

B. myabc.txt

C. <_io.TextIOWrapper...>

D. myabc

6. 运行下面的程序，文件 book.txt 的内容是（　　）。

```
f = open("book.txt","w")
ls =['天行健', '君子以自强不息', '地势坤', '君子以厚德载物']
f.writelines(ls)
f.close()
```

A. '天行健','君子以自强不息','地势坤','君子以厚德载物'

B. 天行健君子以自强不息地势坤君子以厚德载物

C. [天行健,君子以自强不息,地势坤,君子以厚德载物]

D. ['天行健','君子以自强不息','地势坤','君子以厚德载物']

7. 以下关于 CSV 文件的描述中，正确的是（　　）。

A. CSV 文件只能采用 Unicode 编码表示字符

B. CSV 文件的每一行是一维数据，可以使用 Python 的元组类型表示

C. CSV 格式是一种通用的文件格式，主要用于不同程序之间的数据交换

D. CSV 文件是一个一维数据

8. 在 Python 程序中，写文件操作时，文件指针定位到某一个位置所用到的方法是（　　）。

A. write()　　B. writeall()　　C. seek()　　D. writetext()

9. 假设 country.csv 文件内容如下：

青年一代有理想，有本领，有担当

国家就有前途，民族就有希望

以下程序的输出结果是（　　）。

```
f = open("D:\\Python\\country.csv","r")
```

```
ls = f.read().split(",")
f.close()
print(ls)
```

A. ['青年一代有理想，有本领，有担当\n国家就有前途，民族就有希望']
B. ['青年一代有理想','有本领','有担当\n国家就有前途','民族就有希望']
C. [青年一代有理想，有本领，有担当\n国家就有前途，民族就有希望]
D. ['青年一代有理想','有本领','有担当','\n','国家就有前途','民族就有希望']

10. 在 Python 中，使用 open() 打开 Windows 操作系统 D 盘下的文件 a.txt，路径名错误的是（　　）。

A. D:\PythonTest\a.txt　　B. D:\\PythonTest\\a.txt
C. D:/PythonTest/a.txt　　D. D://PythonTest//a.txt

11. 以下选项中不属于 Python 文件操作方法的是（　　）。

A. read()　　B. write()　　C. join()　　D. readline()

12. 以下选项中不是 Python 文件目录操作函数的是（　　）。

A. split()　　B. rename()　　C. getcwd()　　D. rmdir()

13. 如果文件 a.txt 在目录 C:\A 下，运行以下程序会发生什么操作（　　）。

```
import os
os.rmdir(r'C:\\A')
```

A. 删除文件夹 A，保留文件 a.txt　　B. 删除文件夹 A 和文件 a.txt
C. 删除文件 a.txt，保留文件夹 A　　D. OSError

二、填空题

1. 对文件进行写入操作之后，______________ 方法用来在不关闭文件对象的情况下将缓冲区内容写入文件。

2. Python 内置函数 ____________ 用来打开或创建文件并返回文件对象。

3. 使用上下文管理关键字 ____________ 可以自动管理文件对象，不论何种原因结束该关键字中的语句块，都能保证文件被正确关闭。

4. 根据文件对象的 ____________ 属性可以判断文件是否已关闭。

5. 使用文件对象的 ___________ 方法可以移动文件指针，从而实现文件的随机读写。

6. Python 标准库 os 中用来列出指定文件夹中的文件和子文件夹列表的方法是 ___________。

7. Python 标准库 os.path 中用来判断指定文件是否存在的函数是 _____________。

8. 利用 os 模块获取当前工作目录，应当使用 ____________ 函数。

9. 利用 os 模块创建目录，可以使用 ____________ 函数或 makedirs() 函数。

10. 使用 writer 对象的 ____________ 方法或 writerows() 方法可以向 CSV 文件中写入数据。

三、编程题

1. 编写程序，在 D 盘创建 folder 文件夹，将字符串 "路漫漫其修远兮，吾将上下而求索。" 写入文本 test.txt 中，并读取内容到屏幕。

2. 编写程序，创建目录“D:\folder1\ folder2”，将字符串 " 路漫漫其修远兮，吾将上下而求索。" 写入该目录下的二进制文件 btest.bin 中，并以字节方式读取内容到屏幕。

3. 编写程序，在 D 盘创建文件夹 folder3，将字符串 " 路漫漫其修远兮，吾将上下而求索。" 写入文本 test.txt 中，关闭文件。再次向文件 test.txt 内容的尾部追加字符串 "-- 屈原 "，并读取内容到屏幕。

4. 编写程序，在 D 盘的 folder 目录下创建一个名为 score1.csv 的文件，并将如下两名学生的 3 门课程成绩写入文件中。

```
黄潇潇，大学英语：85；线性代数：90；数字图像：78
牛建国，大学英语：75；线性代数：60；数字图像：90
```

5. 编写程序，使用 read() 和 write() 方法实现文件 test1.txt 到 test.txt 的复制。

第 9 章 CHAPTER 9 深度学习应用实例

Python 语言广泛应用于人工智能和机器学习领域。无论是用于数据处理、模型训练还是实际应用开发，Python 都展现出了强大的灵活性和易用性，使人们能够更加便捷地探索和应用人工智能技术。

本章以计算机视觉领域中的图像分类任务为驱动范例，将深度学习算法、Python 编程和神经网络框架贯穿起来。本章所设计的深度学习应用实例旨在通过使用 Python 编程语言，利用 VGG19 模型对图像进行分类。通过本次应用实例，学生可以了解图像分类的相关基础知识，并深入探索如何使用 Python 编写代码来构建、训练和评估一个强大的图像分类器，从而提升学生的编程技能和模型应用能力。

学习目标

（1）了解深度卷积神经网络中的卷积层、最大池化层等基本单元的概念。

（2）了解 VGG19 的网络结构，并掌握其在图像分类任务中的应用。

（3）通过深度学习应用实验的实践，强化学生基于 Python 语言的编程能力。

学习重点

（1）理解深度学习和 VGG19 基础。

（2）熟悉 Python 及其相关库。

学习难点

理解复杂神经网络基础概念；深度学习相关库的熟练使用；相关环境的搭建。

9.1 实例引入

深度学习作为人工智能发展的核心引擎，起源于对复杂数据模式的识别与学习需求，通过借鉴人脑神经网络的工作原理，构建了能够处理和解析大规模数据的多层神经网络结构。这些深度学习模型在图像识别、语音处理和自然语言理解等关键领域实现了突破性进展，极大地推动了人工智能技术的整体进步。随着深度学习算法的不断优化，卷积神经网络（Convolutional Neural Network，CNN）在图像和视频分析中展现出了卓越的性能，循环神经网络（Recurrent Neural Network，RNN）和长短期记忆网络（Long Short Term Memory，LSTM）在序列数据的处理上取得了革命性的成果，而 Transformer 则在自然语言处理（Natural Language Processing，NLP）领域引发了一场范式转变。这些技术的发展不仅提高了机器对世界的感知和理解能力，也为人工智能的进一步探索和应用奠定了坚实的基础。

依托深度学习等核心技术，人工智能作为一股强大的驱动力，正以前所未有的速度融入新质生产力体系之中，深刻地改变着生产方式、产业结构和社会经济面貌。过去 100 多年来，基础研究领域经历了革命性突破和飞速发展。如今，人工智能为基础科技领域实现新突破提供了新路径，通过赋能各行各业形成新质生产力。以 ChatGPT 为代表的生成式人工智能实现了两方面的重要突破：一是通用性的扩展，这种通用性建立在预训练大模型的基础上，并推动数据、算法、算力在研发层面功能性深度融合；二是实现了与自然语言的融合，使人工智能可以真正融入千行百业。随着技术迭代创新，人工智能将在更深层次上广泛赋能政务、医疗、新闻、金融、制造等垂直行业领域，不断形成新质生产力。

在新时代科技事业的发展中，要不断深化科技体制改革，扎实推动科技创新和产业创新深度融合，这是培育新动能、助力高质量发展的关键。面对全球科技革命和产业变革的加速演进，我国必须增强科技创新的紧迫感，以抢占科技竞争和未来发展的制高点，从而实现中国式现代化，构筑坚实的技术基础，推进强国建设和民族复兴的伟业。

视频讲解

9.2 背景介绍

9.2.1 深度学习与图像分类

1）深度学习

深度学习是机器学习的一个分支，基于人工神经网络（Artificial Neural Network），特别是深度神经网络（Deep Neural Network），来进行数据分析和模式识别。深度学习的模型通过模拟人脑的结构和功能，逐层提取数据的特征，从而能够处理复杂的非线性问题。以下是深度学习的一些关键特点。

（1）多层结构：深度学习模型通常包含多个隐藏层（Hidden Layer），每一层负责提取输入数据的不同特征。

（2）自动特征提取：与传统机器学习算法不同，深度学习能够自动从原始数据中提取高层次特征，而无须人工设计特征。

（3）端到端学习：深度学习模型可以从输入到输出端到端地学习映射关系，通过大量的数据训练不断优化模型参数。

2）图像分类

图像分类是计算机视觉领域的一个基本任务，其目标是将输入的图像分配到一个预定义的类别中。图像分类的主要步骤如下。

（1）数据准备：收集并标注图像数据集，每幅图像对应一个类别标签。

（2）特征提取：在传统方法中，通过手工设计特征提取方法（如 SIFT、HOG 等）提取图像特征；在深度学习方法中，通过卷积神经网络自动提取特征。

（3）模型训练：使用训练数据集训练分类模型，使模型能够学习到图像特征与类别之间的映射关系。

（4）模型评估：在验证数据集上评估模型性能，常用评估指标包括准确率、精确率、召回率等。

（5）预测与应用：使用训练好的模型对新图像进行分类预测，应用于实际场景中。

9.2.2　卷积神经网络中的基本单元

典型卷积神经网络结构如图 9-1 所示，通常在卷积层后使用 ReLU 等激活函数。在经过 M 次由 N 个卷积层和最大池化层（或者平均池化层）组成的卷积和池化组合之后，网络会将提取的卷积特征传递给 K 个全连接层，最终经过一个全连接层或 Softmax 层来决定最终的输出。本节介绍基本单元：卷积层和最大池化层。

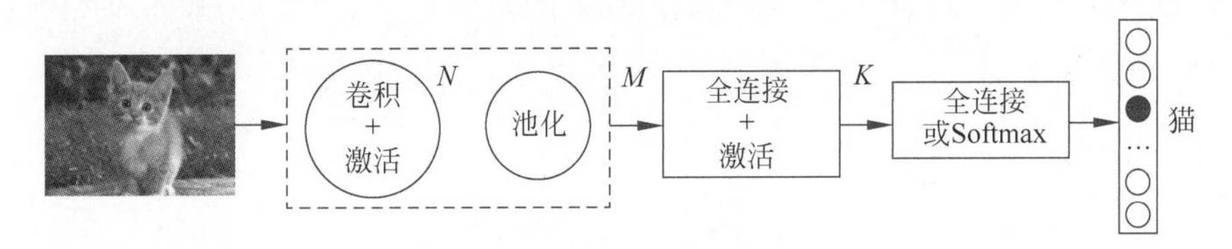

图 9-1　典型卷积神经网络结构

1）卷积层

在 VGG19 模型中，卷积层执行的是具有多输入和多输出特征图的卷积操作，参数包括权重（即卷积核参数）和偏置，全连接层的参数设置与其相似。假设输入特征图 $\boldsymbol{X}$ 的维度为 $N\times C_{\text{in}}\times H_{\text{in}}\times W_{\text{in}}$，其中 N 是输入的样本个数（$N=1$），C_{in} 是输入的通道数，H_{in} 和 W_{in} 分别是输入特征图的高和宽。卷积核张量 $\boldsymbol{W}$ 用四维矩阵表示，维度为 $C_{\text{in}}\times K\times K\times C_{\text{out}}$，其中 $K\times K$ 即卷积核的高度 × 宽度，C_{out} 为输出特征图的通道数。卷积层的偏置 $\boldsymbol{b}$ 用一维向量表示，维度为 C_{out}。在前向传播过程中，输出特征图 $\boldsymbol{Y}$ 的维度为 $N\times C_{\text{out}}\times H_{\text{out}}\times W_{\text{out}}$，通过输入 $\boldsymbol{X}$ 与卷积核 $\boldsymbol{W}$ 内积运算并加上偏置 $\boldsymbol{b}$ 计算得到该维度。同时，定义输入特征图的边界扩充大小 p、卷积步长 s。为了保证卷积之后的有效输出尺寸与输入尺寸一致，首先对卷积层的输入 $\boldsymbol{X}$ 作边界扩充（padding），即在输入特征图的上下以及左右边界分别增加 p 行以及 p 列的 0。维度为 $N\times C_{\text{in}}\times H_{\text{in}}\times W_{\text{in}}$ 的输入特征图，经过大小为 p 的边界扩充，根据式（9.1）得到扩充后的特征图 $\boldsymbol{X}_{\text{pad}}$。

$$\boldsymbol{X}_{\text{pad}}(n,c_{\text{in}},h,w)=\begin{cases}\boldsymbol{X}(n,c_{\text{in}},h-p,w-p), & p\leqslant h<p+H_{\text{in}},\ p\leqslant w<p+W_{\text{in}}\\ 0, & \text{其他}\end{cases} \tag{9.1}$$

其中，$n\in[1,N]$、$c_{\text{in}}\in[1,C_{\text{in}}]$、$h\in[1,H_{\text{in}}]$ 和 $w\in[1,W_{\text{in}}]$ 分别表示输入特征图的样本号、通道号、行号和列号，均为整数。$\boldsymbol{X}_{\text{pad}}$ 的维度为 $N\times C_{\text{in}}\times H_{\text{pad}}\times W_{\text{pad}}$，其中高度 H_{pad} 和宽度 W_{pad} 通过式（9.2）计算可得。

$$\begin{aligned}H_{\text{pad}}&=H_{\text{in}}+2p,\\ W_{\text{pad}}&=W_{\text{in}}+2p\end{aligned} \tag{9.2}$$

然后，用边界扩充后的特征图与卷积核作矩阵内积并与偏置相加得到输出特征图 $\boldsymbol{Y}$，如式（9.3）所示。

$$\boldsymbol{Y}(n,c_{\text{out}},h,w)=\sum_{c_{\text{in}},k_h,k_w}\boldsymbol{W}(c_{\text{in}},k_h,k_w,c_{\text{out}})\boldsymbol{X}_{\text{pad}}(n,c_{\text{in}},hs+k_h,ws+k_w)+\boldsymbol{b}(c_{\text{out}}) \tag{9.3}$$

其中，$n\in[1,N]$、$c_{\text{out}}\in[1,c_{\text{out}}]$、$h\in[1,H_{\text{out}}]$ 和 $w\in[1,W_{\text{out}}]$ 分别表示输出特征图的样本号、通道号、行号和列号；$k_h\in[1,K]$、$k_w\in[1,K]$ 分别表示卷积核的行号和列号；$c_{\text{in}}\in[1,C_{\text{in}}]$ 表示输入特征图的通道号。这些符号的值均为整数。输出特征图 $\boldsymbol{Y}$ 的高度和宽度通过

式（9.4）计算可得。

$$H_{\text{out}}=\left\lfloor\frac{H_{\text{pad}}-K}{s}+1\right\rfloor=\left\lfloor\frac{H_{\text{in}}+2p-K}{s}+1\right\rfloor$$
$$W_{\text{out}}=\left\lfloor\frac{W_{\text{pad}}-K}{s}+1\right\rfloor=\left\lfloor\frac{W_{\text{in}}+2p-K}{s}+1\right\rfloor \tag{9.4}$$

反向传播计算时，假设损失函数为 L，给定损失函数对本层输出的偏导 $\nabla_{\boldsymbol{Y}}L$，其维度与卷积层的输出特征图相同，均为 $N\times C_{\text{out}}\times H_{\text{out}}\times W_{\text{out}}$。根据链式法则，可以计算权重和偏置的梯度 $\nabla_{\mathbf{W}}L$、$\nabla_{\mathbf{b}}L$ 及损失函数对边界扩充后的输入的偏导 $\nabla_{\boldsymbol{X}_{\text{pad}}}L$，计算公式如式（9.5）所示。

$$\nabla_{\boldsymbol{W}(c_{\text{in}},c_h,c_w,c_{\text{out}})}L=\sum\nabla_{\boldsymbol{Y}(n,c_{\text{out}},h,w)}L\boldsymbol{X}_{\text{pad}}(n,c_{\text{in}},hs+k_h,ws+k_w)$$
$$\nabla_{\boldsymbol{b}(j)}L=\sum_{n,h,w}\nabla_{\boldsymbol{Y}(n,c_{\text{out}},h,w)}L \tag{9.5}$$
$$\nabla_{\boldsymbol{X}_{\text{pad}}(n,c_{\text{in}},hs+k_h,ws+k_w)}L=\sum_i\nabla_{\boldsymbol{Y}(n,c_{\text{out}},h,w)}L\boldsymbol{W}(c_{\text{in}},k_h,k_w,c_{\text{out}})$$

之后剪裁掉 $\nabla_{\boldsymbol{X}_{\text{pad}}}L$ 中扩充的边界，得到本层的 $\nabla_{\boldsymbol{X}}L$，如式（9.6）所示。

$$\nabla_{\boldsymbol{X}}L(n,c_{\text{in}},h,w)=\nabla_{\boldsymbol{X}_{\text{pad}}}L(n,c_{\text{in}},h+p,w+p) \tag{9.6}$$

其中，$n\in[1,N]$，$c_{\text{in}}\in[1,C_{\text{in}}]$，$h\in[1,H_{\text{in}}]$，$w\in[1,W_{\text{in}}]$。

2）最大池化层

在本实验中假设最大池化层的输入特征图 $\boldsymbol{X}$ 的维度为 $N\times C\times H_{\text{in}}\times W_{\text{in}}$，其中 N 代表输入的样本个数（$N=1$），C 是输入的通道数，H_{in} 和 W_{in} 分别是输入特征图的高和宽。池化窗口的高和宽均为 K，池化步长为 s，输出特征图 $\boldsymbol{Y}$ 的维度为 $N\times C\times H_{\text{out}}\times W_{\text{out}}$，其中 H_{out} 和 W_{out} 分别是输出特征图的高和宽。

前向传播计算时，输出特征图 $\boldsymbol{Y}$ 中某一位置的值是输入特征图 $\boldsymbol{X}$ 的对应池化窗口内的最大值，如式（9.7）所示。

$$\boldsymbol{Y}(n,c,h,w)=\max_{k_h,k_w}\boldsymbol{X}(n,c,hs+k_h,ws+k_w) \tag{9.7}$$

其中，$n\in[1,N]$、$c\in[1,C]$、$h\in[1,H_{\text{out}}]$ 和 $w\in[1,W_{\text{out}}]$ 分别表示输出特征图的样本号、通道号、行号和列号，$k_h\in[1,K]$、$k_w\in[1,K]$ 表示池化窗口内的坐标位置，均为整数。

反向传播计算过程可以根据前向传播公式（9.7）推导获得。给定损失函数对本层输出的偏导 $\nabla_{\boldsymbol{Y}}L$，其维度与最大池化层的输出特征图相同，均为 $N\times C\times H_{\text{out}}\times W_{\text{out}}$。由于最大池化层在前向传播后仅保留池化窗口内的最大值，因此在反向传播时，仅将后一层损失中对应该池化窗口的值传递给池化窗口内最大值所在位置，其他位置值置为 0。在反向传播时须先计算最大值所在位置 p，如式（9.8）所示。

$$p(n,c,h,w)=\underset{k_1,k_2}{F}(\boldsymbol{X}(n,c,hs+k_h,ws+k_w)) \tag{9.8}$$

其中，F 代表取最大值所在位置的函数，返回最大值位于池化窗口中的坐标向量 $p(n,c,h,w)=[q(0),q(1)]$，其中 $q(0)$ 对应 h 方向的坐标，$q(1)$ 对应 w 方向的坐标。$n\in[1,N]$、$c\in[1,C]$、$h\in[1,H_{\text{out}}]$、$w\in[1,W_{\text{out}}]$、$k_h\in[1,K]$ 和 $k_w\in[1,K]$ 均为输入输出特征图和池化窗口上的位置坐标。利用最大值所在位置 $[q(0),q(1)]$ 可得最大池化层的损失 $\nabla_{\boldsymbol{X}}L$，如式（9.9）所示。

$$\nabla_{\boldsymbol{X}(n,c,hs+q(0),ws+q(1))}L=\nabla_{\boldsymbol{Y}}L(n,c,h,w) \tag{9.9}$$

9.2.3　VGG19 网络的基本结构

VGG19 是经典的深度卷积神经网络结构，包含 5 个阶段共 16 个卷积层和 3 个全连接层，VGG19 网络的基本结构如表 9-1 所示。表 9-1 中省略了卷积层和全连接层后的 ReLU 层。前两个阶段各有两个卷积层，后 3 个阶段各有 4 个卷积层。每个卷积层均使用 3 × 3 大小的卷积核，边界扩充大小为 1，步长为 1，即保持输入输出特征图的高和宽不变。每个阶段的卷积层的通道数在不断变化。在每个阶段的第一个卷积层，输入通道数为上一个卷积层的输出通道数（第一个阶段的输入通道数为原始图像通道数）。5 个阶段的卷积层输出通道数分别为 64、128、256、512、512。每个阶段除第一个卷积层外，其他卷积层均保持输入和输出通道数相同。每个卷积层后面都跟随有 ReLU 层作为激活函数，每个阶段最后都跟随一个最大池化层，将特征图的高和宽缩小为原来的 1/2。3 个全连接层中前两个全连接层后面也跟随 ReLU 层。值得注意的是，第 5 阶段输出的特征图会进行变形，将四维特征图变形为二维矩阵作为全连接层的输入。VGG19 网络最后是 Softmax 层计算分类概率。

表 9-1　VGG19 网络的基本结构

名　字	类　型	卷积核 / 池化核	步长	边界扩充	输入通道数	输出通道数	输出特征图高和宽
conv1_1	卷积层	3	1	1	3	64	224
conv1_2	卷积层	3	1	1	64	64	224
pool 1	最大池化层	2	2	—	64	64	112
conv2_1	卷积层	3	1	1	64	128	112
conv2_2	卷积层	3	1	1	128	128	112
pool2	最大池化层	2	2	—	128	128	56
conv3_1	卷积层	3	1	1	128	256	56
conv3_2	卷积层	3	1	1	256	256	56
conv3_3	卷积层	3	1	1	256	256	56
conv3_4	卷积层	3	1	1	256	256	56
pool3	最大池化层	2	2	—	256	256	28
conv4_1	卷积层	3	1	1	256	512	28
conv4_2	卷积层	3	1	1	512	512	28
conv4_3	卷积层	3	1	1	512	512	28
conv4_4	卷积层	3	1	1	512	512	28
pool4	最大池化层	2	2	—	512	512	14
conv5_1	卷积层	3	1	1	512	512	14
conv5_2	卷积层	3	1	1	512	512	14
conv5_3	卷积层	3	1	1	512	512	14
conv5_4	卷积层	3	1	1	512	512	14
pool5	最大池化层	2	2	—	512	512	7
fc6	全连接层	—	—	—	25088	4096	—
fc7	全连接层	—	—	—	4096	4096	—
fc8	全连接层	—	—	—	4096	1000	—
Softmax	损失层	—	—	—	—	—	—

9.3 实验内容

9.3.1 实验环境

实验环境如下所示。

（1）硬件环境：CPU。

（2）软件环境：Python 编译环境及相关的扩展库，包括 Python、NumPy、Keras、TensorFlow、Matplotlib。

（3）数据集有以下两种。

① ImageNet：官方训练 VGG19 使用的数据集为 ImageNet。该数据集包括约 128 万幅训练图像和 5 万幅测试图像，共有 1000 个不同的类别。本实验使用了官方训练好的模型参数，无须直接使用 ImageNet 数据集进行 VGG19 模型的训练。

② Cats vs. Dogs（猫狗大战）：Cats vs. Dogs 数据集是 Kaggle 大数据竞赛某一年的一道赛题，利用给定的数据集，用算法实现猫和狗的识别。数据集中包含训练集和测试集，训练集中猫和狗的图像数量都是 12500 幅且按顺序排列，测试集中猫和狗混合乱序图像一共 12500 幅。

9.3.2 实验步骤

以下示例演示如何从头开始进行图像分类，从磁盘上的 JPEG 图像文件开始，无须利用预先训练的权重或预制的 Keras 应用程序模型。演示了 Kaggle 大数据竞赛 Cats vs. Dogs 二元分类数据集上的工作流程。使用 image_dataset_from_directory 实用程序来生成数据集，并使用 Keras 图像预处理层进行图像标准化和数据增强。

1）数据加载模块

首先导入程序所需的包，示例代码如下所示。

```
import os
import numpy as np
# 导入用于科学计算的 NumPy 库
import keras
# 导入 Keras 库，Keras 为高级神经网络应用程序接口（Application Program Interface，
# API）
from keras import layers
# 从 Keras 库中导入 layers 模块，该模块包含构建神经网络所需的各种层
from tensorflow import data as tf_data
# 从 TensorFlow 库中导入 data 数据集处理模块，并将其重命名为 tf_data
import matplotlib.pyplot as plt
# 导入 Matplotlib.pyplot 可视化模块，并将其简称为 plt
```

加载 Cats vs. Dogs 数据集，下载原始数据的 786MB ZIP 存档，示例代码如下所示。

```
import kagglehub
# Download latest version
```

```
path = kagglehub.dataset_download("karakaggle/kaggle-cat-vs-dog-dataset")
print("Path to dataset files:", path)
```

下载完成后会生成 PetImages 文件夹，其中包含 Cat 和 Dog 两个子文件夹。每个子文件夹都包含每个类别的图像文件。可以用 ls 命令显示当前目录中的所有文件和文件夹，示例代码如下所示。

```
!ls PetImages                    # 显示 PetImages 文件夹中所有文件和文件夹
Cat Dog
```

在处理大量真实世界的图像数据时，损坏的图像是很常见的，因此本章在数据处理前需要过滤掉编码不良的图像，这些图像的标题中没有字符串 JFIF，示例代码如下所示。

```
num_skipped = 0
# 变量 num_skipped 初始化，该变量用来计数被跳过（即被删除）的图像文件数量
# for 循环，遍历 "Cat" 和 "Dog" 两个文件夹内的所有文件
for folder_name in ("Cat", "Dog"):
    folder_path = os.path.join("PetImages", folder_name)
# 使用 os.path.join() 函数来拼接路径
# 将 PetImages 目录与当前遍历到的文件夹名称（folder_name）合并成一个完整的路径
    for fname in os.listdir(folder_path):
# 遍历 folder_path 目录下的所有文件和文件夹名称
        fpath = os.path.join(folder_path, fname)
# 文件（fname）的完整路径赋给变量 fpath
# try-finally 语句是一种异常处理机制，首先尝试执行 try 语句块，最后执行 finally 语句块
        try:
            fobj = open(fpath, "rb")
# 以二进制读取模式打开文件 fpath，并将其赋值给变量 fobj
            is_jfif = b"JFIF" in fobj.peek(10)
# 使用 fobj.peek(10) 读取文件的前 10 字节，并检查是否包含字节串 b"JFIF"
# 这是 JPEG 图像文件的一个常见标记，如果包含，is_jfif 将被设置为 True，否则为 False
        finally:
            fobj.close()
# 打开的文件对象 fobj
        if not is_jfif:
# 如果 is_jfif 为 False，即文件不是有效的 JPEG 图像，则执行下面的代码
            num_skipped += 1
# 将 num_skipped 的值增加 1
            os.remove(fpath)
# 删除损坏的图像
print(f"Deleted {num_skipped} images.")
# 输出已删除的图像数量
```

运行结果下所示。

```
Deleted 1590 images.
```

2）数据处理模块

生成数据集，示例代码如下所示。

```
# 创建两个图像数据集 train_ds 和 val_ds
# 数据集 train_ds 用于训练，数据集 val_ds 用于验证
# 从 PetImages 目录中读取图像并调整为 180x180 像素的大小
# 按照指定的批量大小（batch_size）和验证集比例（validation_split）进行划分
image_size = (180, 180)
# 元组 image_size 指定图像的宽和高都是 180 像素
batch_size = 128
# 调用 keras.utils.image_dataset_from_directory() 函数
# 并将返回的两个数据集分别赋值给 train_ds 和 val_ds 变量
train_ds, val_ds = keras.utils.image_dataset_from_directory(
"PetImages",
validation_split=0.2,
subset="both",
seed=1337,
image_size=image_size,
batch_size=batch_size,
)
```

运行结果如下所示。

```
Found 23410 files belonging to 2 classes.
Using 18728 files for training.
Using 4682 files for validation.
```

以下是显示训练数据集中的前 9 幅图像的示例代码，其中标签 1 是 dog，标签 0 是 cat。

```
plt.figure(figsize=(10, 10))
# 创建一个新的 Matplotlib 图形，图形宽 10 英寸，高 10 英寸
for images, labels in train_ds.take(1):
# 遍历 train_ds 数据集中的图像（images）和标签（labels）
    for i in range(9): # 遍历 9 幅图像
        ax = plt.subplot(3, 3, i+1)  # 生成 3 行 3 列网格子图，i+1 表示子图序号
        plt.imshow(np.array(images[i]).astype("uint8"))  # 显示第 i 个图像
        plt.title(int(labels[i]))    # 将第 i 个图像的标签设置为子图标题
        plt.axis("off")              # 关闭子图的坐标轴
```

程序运行结果如图 9-2 所示。

当数据集较小时，可能会出现模型对训练样本的识别效果很好，但是对其他样本（验证集和测试集内的样本）的识别效果很差的情况，这种情况称为过拟合。为了防止出现这种情况，需要增加训练集样本数量，这一过程称为数据增强。数据增强的方法是通过随机旋转、缩放、平移、翻转和遮挡等方法扩大样本的多样性。数据增强的示例代码如下所示。

```
# 定义函数 data_augmentation()，该函数对传入图像 images 做数据增强处理
def data_augmentation(images):
    # 对 images 图像做随机水平翻转和旋转处理
    for layer in data_augmentation_layers:
        images = layer(images)
    return images                # 返回经过数据增强后的图像
```

图 9-2　程序运行结果

以下代码为同一幅图像做数据增强后的显示效果。

```
plt.figure(figsize=(10, 10))
for images, _ in train_ds.take(1):
    for i in range(9):
        # 调用 data_augmentation() 函数，数据增强结果保存在变量 augmented_images 中
        augmented_images = data_augmentation(images)
        ax = plt.subplot(3, 3, i + 1)
        plt.imshow(np.array(augmented_images[0]).astype("uint8"))
        plt.axis("off")
```

增强后的样本图像如图 9-3 所示。

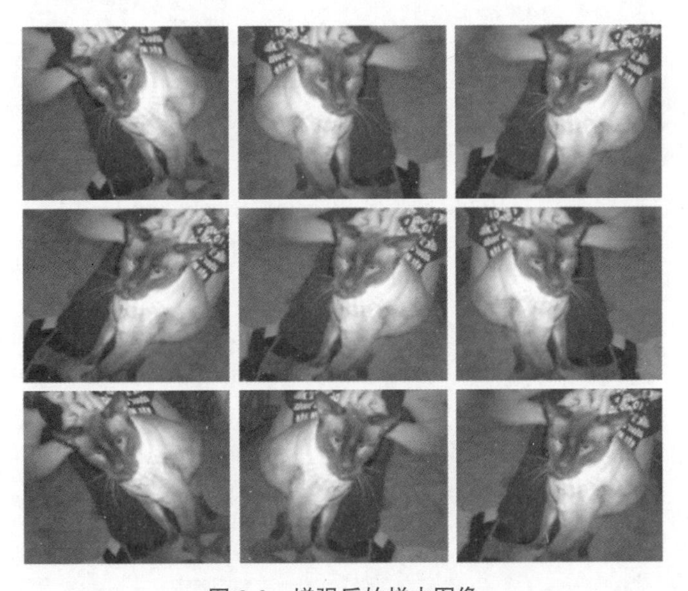

图 9-3　增强后的样本图像

处理后的图像尺寸为 180 × 180，RGB 通道值在 [0, 255] 范围内。为了方便在神经网络中处理分析这些图像，需要将图像做标准化处理，处理后的图像满足均值为 0、方差为 1 的正态分布。

上述图像缩放、数据增强和标准化处理过程在深度学习模型中是数据预处理工作中的重要步骤。在有些深度学习模型中，还包括填充、剪裁、中心化、去除异常值、编码标签和数据类型转换等工作，其目的是将数据转换成更适合深度学习模型学习的形式，增加数据的多样性并帮助模型学习到更泛化的特征，提高模型的性能和泛化能力。

预处理数据有两种方法，这两种方法在案例中均使用到 data_augmentation() 函数作为预处理器。

第一种方法是使其成为模型的一部分，示例代码如下所示。

```
# 根据输入数据的形状（input_shape），使用 Keras.Input 函数创建一个输入层
inputs = keras.Input(shape=input_shape)
# 将 data_augmentation() 函数应用于模型的输入张量 inputs，预处理后的结果赋值给变量 x
x = data_augmentation(inputs)
# 将输入数据的像素值从 0~255 的范围缩放到 0~1 的范围
x = layers.Rescaling(1./255)(x)
... #Rest of the model
```

受益于图形处理单元（Graphics Processing Unit，GPU）加速技术，该方法在模型训练阶段可实时地对输入数据进行随机变换。但是在模型的评估和预测阶段，预处理方法不会应用到输入样本上，其目的是保证模型能够看到与训练时相同分布的数据，以便准确评估模型的性能。

第二种方法将其应用于数据集，以便获得批量生成的增强图像数据集，示例代码如下所示。

```
# 调用 train_ds 数据集上的 map() 方法
# 对数据集中的每个输入样本 x 应用 data_augmentation() 函数
# 在训练（training）阶段调用 data_augmentation() 函数对输入数据 x 做预处理
# 预处理后的图像与原始标签 y 一起作为元组返回给变量 augmented_train_ds
augmented_train_ds = train_ds.map(
    lambda x, y: (data_augmentation(x, training=True), y))
```

此方法中，数据增强可在中央处理器（Central Processing Unit，CPU）上异步进行，并在进入模型之前进行缓冲，避免数据在预处理过程中发生阻塞。如果开发者不确定要选择哪一个，建议选用第二种预处理方法。

完成了数据集的预处理工作后就可以将数据读取到模型中，为了提高数据的读取效率，需要完成数据迭代、内存管理、多线程 / 多进程加载和数据缓存等处理操作，这些工作不需要开发者独立完成。深度模型为开发者提供了完备的方法，该方法统称为数据加载，其中 prefetch() 方法即可完成数据加载工作。模型中数据预处理的示例代码如下所示。

```
# 应用预处理到训练样本中
train_ds = train_ds.map(
    lambda img, label: (data_augmentation(img), label),
```

```
    num_parallel_calls=tf_data.AUTOTUNE,
)        # 在 GPU 技术下使用 prefetch() 方法实现数据加载
train_ds = train_ds.prefetch(tf_data.AUTOTUNE)
val_ds = val_ds.prefetch(tf_data.AUTOTUNE)
```

3）基本网络结构

VGG19 模型实例化代码如下所示。

```
keras.applications.VGG19(
    include_top=True,
    weights="imagenet",
    input_tensor=None,
    input_shape=None,
    pooling=None,
    classes=1000,
    classifier_activation="softmax",
)
```

keras.applications.VGG19 是 Keras 库中的一个模块，该模块实例化了一个预训练的 VGG-19 模型。该模型具有良好的特征提取能力，可用于大规模图像识别的神经卷积网络，也对模型的参数进行微调以适应新的分类任务。它包括顶部的全连接层，使用 ImageNet 数据集上的预训练权重，适用于 1000 类分类任务，使用 Softmax 作为全连接层后的激活函数。

VGG19 模型是用于大规模图像识别的神经卷积网络（ICLR 2015），权重由大规模数据集 ImageNet 训练而来。该模型在 Theano 和 TensorFlow 后端均可使用，并接受 channels_first 和 channels_last 两种输入维度顺序，模型的默认输入尺寸是 224 × 224。需要注意的是，每个 Keras 应用程序都需要一种特定类型的输入预处理。对于 VGG19，在将输入传递给模型之前，先对输入调用 keras.applications.VGG19.preprocess_input。VGG19.preprocess_input 将输入图像从 RGB 转换为 BGR，然后将每个颜色通道相对于 ImageNet 数据集归零，不进行缩放。

keras.applications.VGG19 模块中各参数说明如下所示。

include_top：是否保留顶层的 3 个全连接网络。

weights：是否加载参数，imagenet 代表加载预训练权重，None 代表不加载预训练权重。

input_tensor：是否创建输入层，Keras Tensor 指定 Keras tensor 作为模型的图像输出张量，None（默认值）创建一个输入层。

input_shape：定义模型输入数据的维度，仅当 include_top = False 有效，应是长为 3 的元组，指明输入图片的形状，例如 (200, 200, 3)，其中图片的宽高必须大于 48。

pooling：当 include_top = False 时，该参数指定了池化方式。None 代表不池化，最后一个卷积层的输出为 4D 张量。

classes：图片分类的类别数。

classifier_activation：模型顶部全连接层之后使用的激活函数。加载预训练权值时，classifier_activation 只能为 None 或 Softmax。

keras.applications.VGG19 模块返回值为 Keras 模型对象。

4）模型训练模块

当准备好数据集和模型后，就可以将数据送入模型的训练模块中计算得到预测值。然后，计算预测值与真实标签之间的差异，通过损失函数量化这种差异。根据各项差异值的大小，反向更新模型中的参数，上述过程反复迭代，各项参数不断优化更新，直到输出预测值与真实标签的差异符合开发者的要求。VGG19 模型中的训练模块示例代码如下所示。

```
epochs = 25  # 模型对整个数据集完整迭代的次数
# 创建回调对象，在每次迭代结束时保存模型各项参数
# 保存的文件名为 save_at_1.keras、save_at_2.keras 等
callbacks = [
    keras.callbacks.ModelCheckpoint("save_at_{epoch}.keras"),
]
# 设置模型在训练过程中将使用的优化器、损失函数和评估指标
model.compile(
    optimizer=keras.optimizers.Adam(3e-4),
    loss=keras.losses.BinaryCrossentropy(from_logits=True),
    metrics=[keras.metrics.BinaryAccuracy(name="acc")],
)
# 开始调用 fit() 方法，该方法是训练模块中的主要方法
model.fit(
    train_ds,
    epochs=epochs,
    callbacks=callbacks,
    validation_data=val_ds,
)
```

实际训练过程中，在完整数据集上训练 25 个 epoch 后，得到了大于 90% 的验证准确率（在实践中，在验证性能开始下降之前，可以训练 50 个 epoch 以上）。

5）网络推理模块

完成训练的 VGG 模型就可以对新的数据计算预测结果，负责预测阶段的模块称为推理模块。在推理阶段，对新数据不再进行数据预处理。VGG19 模型中的推理模块示例代码如下所示。

```
img = keras.utils.load_img("PetImages/Cat/6779.jpg", target_size=image_size)
                                    # 加载图像
plt.imshow(img)                     # 显示图像
img_array = keras.utils.img_to_array(img)
# 图像格式转换为 Keras 模型所需的输入格式
img_array = keras.ops.expand_dims(img_array, 0)   # 扩展图像维度
predictions = model.predict(img_array)
# 使用模型的 predict() 方法对输入对象进行预测
score = float(keras.ops.sigmoid(predictions[0][0]))
# 计算预测值属于各个类别的概率
# 输出图像分类的预测结果
print(f"This image is {100*(1-score):.2f}% cat and {100*score:.2f}% dog.")
```

图像处理结果如图 9-4 所示。

对新数据推理结果如下所示。

```
1/1 ━━━━━━━━━━━━━━━━━━━━━━━━━━━━━━━━━━ 2s 2s/step
This image is 94.30% cat and 5.70% dog.
```

9.3.3 实验评估

为验证实验代码的正确性，选择图 9-5 所示的图像进行分类测试。该图像的真实类别为 tabby cat，对应 ImageNet 数据集类别编号 281。实验结果将该图像的类别编号判断为 281。通过查询 ImageNet 数据集类别编号对应的具体类别，编号 281 对应 tabby cat，说明利用 VGG19 网络推断得到了正确的图像类别。

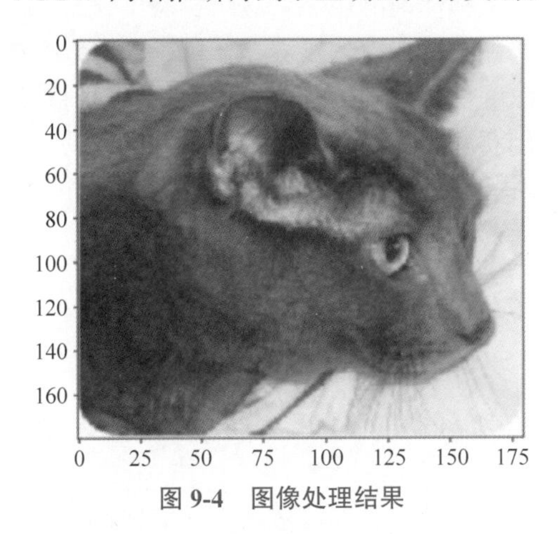

图 9-4 图像处理结果

图 9-5 测试图像示例

本实验的评估标准设定如下。

（1）60 分标准：给定卷积层和池化层的前向传播输入矩阵和参数值，可以得到正确的前向传播输出矩阵。

（2）80 分标准：建立 VGG19 网络后，给定 VGG19 的网络参数值和输入图像，可以得到正确的 pool5 层输出结果。

（3）100 分标准：建立 VGG19 网络后，给定 VGG19 的网络参数值和输入图像，可以得到正确的 Softmax 层输出结果和正确的图像分类结果。

小结

本章介绍了深度学习的具体应用实例，包括深度学习与图像分类的基础知识、卷积神经网络中的基本单元、VGG19 网络的基本结构，并通过实验来实践深度学习算法以实现图像分类任务。深度学习与图像分类部分涵盖了深度学习的理论基础和图像分类的基本原理；卷积神经网络的基本单元部分深入探讨了卷积层、池化层和全连接层等核心组件，揭示了它们在图像特征提取中的关键作用；VGG19 网络的基本结构部分则详细介绍了这一经典网络模型的架构和特点，展示了其在图像识别任务中的高效性；图像分类实验部分通过具体的实验步骤和案例，使学生能够将理论知识应用于实践，加深对深度学习技术的理解。

【思政元素融入】

通过对深度学习技术的学习，学生不仅能够掌握前沿的科学知识，更能够培养一种科学精神和社会责任感。这种责任感体现在对技术伦理的深思熟虑，对科技进步对于社会影响的全面考量，以及对个人在推动社会进步中扮演角色的清晰认识。在尊重科学规律的同时，将创新精神与社会主义建设的实际需要相结合，促进社会的和谐与进步；通过深度学习应用实例的学习，引导学生以科技为工具，以社会主义核心价值观为指导，为实现中华民族伟大复兴的中国梦贡献自己的力量。

在深度学习与图像分类的学习中，深度学习网络的基本结构展示了深度学习模型设计的规范性和系统性，强调了在技术发展中对规范和标准的遵循。具体实验不仅是对深度学习技术的实践应用，也是对创新能力和解决实际问题能力的培养，体现了学以致用的教育思想。通过这些学习，学生能够更好地理解深度学习技术的社会价值，培养对科技进步和社会发展的责任感，同时也能够激发学生的创新思维和实践能力。这些内涵有助于学生在技术快速发展的今天，成为具有全球视野、创新精神和社会责任感的高素质人才。

习题

1. 在实现深度神经网络基本单元时，如何确保一个层的实现是正确的？

2. 在实现深度神经网络后，如何确保整个网络的实现是正确的？如果是网络中的某个层计算有误，如何快速定位到有错误的层？

3. 如何计算深度神经网络的每层计算量（乘法数量和加法数量）？如何计算整个网络的前向传播时间和网络中每层的前向传播时间？深度神经网络的每层计算量和每层前向传播时间之间有什么关系？